裂隙岩体的流固耦合
传热机理及其应用

张树光　李永靖　著

东北大学出版社
·沈 阳·

图书在版编目（CIP）数据

裂隙岩体的流固耦合传热机理及其应用／张树光，李永靖著．—沈阳：东北大学出版社，2012.3（2013.5重印）

ISBN　978-7-5517-0128-0

Ⅰ．①裂…　Ⅱ．①张…　②李…　Ⅲ．①高温矿井—岩体—传热—研究
Ⅳ．①TD72

中国版本图书馆 CIP 数据核字（2012）第 049167 号

内容简介

　　针对高温矿井的工程实际，建立含水裂隙岩体的二维和三维传热模型，对裂隙岩体渗流－应力－温度三场耦合作用下的二维模型、渗流－温度耦合作用下的三维模型，通过有限元计算和分析，获得岩体的流固耦合传热机理。基于信息元数据模型，选取影响岩土体导热能力的物理参数作为信息元，单独分析孔隙率、裂隙、裂隙水流速和流体黏性作为信息元对岩土体传热的不同作用，得出信息元和等效导热系数之间的关系及对岩体温度场的影响，建立深部岩体的流固耦合传热机理理论，为矿井热害治理提供基础。

　　本书可供矿井高温治理和工程热物理等方面的科学技术与教学人员参考。

出　版　者：东北大学出版社
　　　　　　地址：沈阳市和平区文化路 3 号巷 11 号
　　　　　　邮编：110004
　　　　　　电话：024-83687331（市场部）　83680267（社务室）
　　　　　　传真：024-83680180（市场部）　83680265（社务室）
　　　　　　E-mail：neuph@neupress.com
　　　　　　http：//www.neupress.com

印　刷　者：北京市全海印刷厂
发　行　者：东北大学出版社
幅面尺寸：170mm×240mm
印　　　张：11.5
字　　　数：232 千字
出版时间：2012 年 3 月第 1 版
印刷时间：2013 年 5 月第 2 次印刷

责任编辑：郎　坤　孙　锋　　　　　　　　责任校对：一　方
封面设计：刘江旸　　　　　　　　　　　　责任出版：唐敏智

ISBN　978-7-5517-0128-0　　　　　　　　　定　　价：30.00 元

前 言

目前，煤炭在我国的能源消耗结构中所占的比例为 69%，在今后的 20 年内，煤炭仍将占据能源消耗结构的 60% 左右，但我国大部分矿山的浅部资源已接近枯竭，深部开采将是解决能源紧张的必由之路。大量的深部开采矿井、金属矿山已经面临高温带来的巨大压力，井下高温已对地下工作环境构成威胁，成为制约安全生产的关键因素之一。另外，我国的地热资源非常丰富，直接利用量很大。我国大陆地区地热资源分布丰富的地区有西藏、云南、广东、河北、天津、北京等。地热作为地热发电、地热温室、地热养殖和温泉浴疗的清洁、无污染能源备受各国重视，我国直接利用的总装机容量已超过 2GW，居世界第一位，但年产能值不高。加大地热资源的开发利用、提高地热产能已引起广泛的关注，而地热循环本质上也属于水-岩热交换问题，研究深部岩体的传热机理对深部开采面临的高温威胁和加大地热资源的开发利用，也具有很强的必要性和紧迫性。

影响深部围岩温度场的因素涉及围岩地球物理特征、水热迁移特性及围岩与流体的换热等。围岩本身的构造不仅决定了其导热性质和渗流特性，同时，裂隙、节理等构造面的存在直接影响了水热迁移的过程；开采扰动进一步加剧了矿场围岩裂隙和节理的孕育、发展，使得水热迁移过程复杂化；由构造应力场或残余构造应力场叠合累积而形成的高应力，在深部岩体中形成了异常的地应力场；由于高地应力、渗流场和开采扰动的作用，温度场分布异常。近年来，针对以上问题的研究逐步展开，包括裂隙岩体流固耦合特征研究、热-流-固耦合渗流的数学模型研究、复杂应力条件下裂隙岩体渗流-应力耦合机理研究以及高温作用下裂隙岩体水热耦合迁移及其与应力的耦合分析等。这些问题的研究对于揭示深部岩体的传热机理起到了至关重要的推动作用。

　　本书以深部开采所面临的岩体高温这一亟待解决的工程实际为背景，兼顾地热资源开发与利用中遇到的深部岩体传热问题，结合深部岩体的实际情况，提出采用应力－渗流耦合理论来研究深部采动围岩的传热过程和机理。针对深部工程地质环境的复杂性，开展应力－渗流－温度耦合作用下采动岩体传热机理的研究，完善深部工程的水热迁移规律理论，有助于推动解决高温对深部开采带来的瓶颈问题，有利于地热资源的开发利用。

　　本书内容是在国家自然科学基金（50804021）和辽宁省高校杰出青年学者成长计划（LJQ 2011031）的资助下取得的研究成果。

编　者

2012 年 2 月

目 录

第一章　概　述

第一节　深部岩体的高温问题

围岩原始温度是指井巷周围未被通风冷却的原始岩层温度,它与地层深度和温度梯度有直接的关系,尤其在深井开采中,围岩原始温度高是造成矿井高温的最主要原因。

在地面大气温度和深部岩层高温的共同影响下,原岩温度沿垂直方向上大概可划分为三个带。在地表浅部,由于受地面大气温度的影响,岩层原始温度随地面大气温度的变化而呈周期性的变化,这一层带称为变温带。随着深度的增加,岩层原始温度受地表大气的影响逐渐减弱,而受大地热流场的影响逐渐增强,当到达某一深度处时,二者趋于平衡,岩温基本常年保持不变,这一层带称为恒温带。恒温带的温度比矿区年平均气温约高 1~2℃。在恒温带以下一定的范围内,岩层温度一般随深度的增加而呈线性增加,当然也存在非线性或异常变化的情况,这一层带称为增温带。

随着社会的发展和煤炭资源开发的日益加强,矿井的开采深度不断增大。深井开采条件下,地温不断升高,热害以及有毒有害气体、粉尘的危害也日益增大,由此带来的井下工作条件恶化、支护结构和养护要求高以及引发煤层发火等问题迫切需要解决。《煤矿安全生产"十二五"规划》中指出:"水、火、冲击地压、热害等灾害越来越严重,防灾抗灾难度加大。"目前,高温热害已被认为是除水、火、瓦斯之外的第四大矿井灾害。

深部岩体处于高渗透水压力、高地应力和高地温的特殊环境下,由此引发的相关问题不仅仅局限于矿井空气的高温。第一,造成深部岩体高温的因素不仅仅是地层温度的升高,高地应力对流体的作用、流体伴随的热迁移、岩体高温带来的热应力等问题相互作用,组成深部岩体的热环境作用体系。第二,在岩体高温的同时,空气自压缩放热、围岩散热、机电设备散热、氧化热和炸药爆破热等又造成矿井风流温度升高。第三,矿井开采带来的井下突水时有发生,在深部开采中这种情况将更为严重,因为突水造成巷道内充满水汽,矿井空气相对湿度甚至达到100%,如此的高温高湿环境使得抢险救灾工作难以进行。第四,对高温作业的矿工进行生理和生化方面的测定表明,井下高温作业环境对矿工的身体健康存在严重的威胁。因此，伴随着煤矿、金属矿等矿山的深部开采，矿井高温灾害的解决迫在眉睫。

据世界各地的测量资料，全球平均地温梯度约为 3℃/100m，随着矿井采掘深度的增加，地温不断升高，这是造成矿井岩体高温的主要因素。瑞士 - 意大利的 Simplon 地铁隧道，岩体温度达到 56℃；德国伊本比伦煤矿现采深达 1530m，井底岩温可达 60℃；南非斯太总统（President Styen）金矿的工作面深度超过 3000m，原岩温度达 63℃以上；德国和俄罗斯的一些矿山开采深度也已达 1400～1500m；南非卡里顿维尔金矿开采深度达 3800m，竖井井底已达地表以下 4146m；加拿大超千米的矿井有 30 座，美国有 11 座。

1980 年，我国煤矿平均开采深度为 288m，到 1995 年已达 428m，目前开采深度以平均每年 8～12m 的速度增加。煤炭在我国能源结构中占据 69% 左右的份额，我国对煤炭资源有很高的依赖度。据全国矿井高温热害普查资料统计，采深超过 1000m 的矿井有数十对，已有 65 对矿井出现了不同程度的热害，其中 38 对矿井的采掘工作面气温超过 30℃。重庆永荣矿区永川煤矿六井在 -400m 开采水平以下，地温增至 37℃。淄博矿区南定煤矿 -300m 开采水平时的温度已经达到 29.4～43.3℃。同时，该地区的最大地温梯度达到 5.6℃/100m，处于 -800m 开采水平时的最高温度将超过 60℃，随着开采深度的增加，兖州矿区东滩煤矿、新汶矿区孙庄煤矿、枣庄矿区陶庄煤矿、平顶山八矿等高温矿井也将出现类似的情况。徐州矿区三河尖煤矿 21102 工作面发生突水事故时水温高达 50℃，排水地点空气温度在 39℃以上。

另外，我国的地热资源非常丰富，直接利用量很大，我国大陆地区地热资源分布丰富的地区有西藏、云南、广东、河北、天津、北京等地。地热能作为地热发电、地热温室、地热养殖和温泉浴疗的清洁、无污染能源备受各国重视，我国直接利用的总装机容量已超 2GW，居世界第一位，但年产能值不高。渗流作用下岩体的水热迁移规律也是当前开发和利用地热资源的关键问题，以利用地热为主导的温泉、取暖、发电等节能工程已经贴近人民生活，做到了节省能源、开发新能源和环境保护的和谐统一，有力地支持了可持续发展战略。

针对深部矿场的复杂性，开展采动 - 渗流耦合作用下围岩传热机理的研究，对进一步完善和补充深部工程的水热迁移规律、合理确定围岩的热源分布、提出合理的矿场降温措施及有效利用地热资源等都具有重要的实际意义，对逐步向深部延伸的能源开采和地热资源开发具有广阔的应用前景。由此可见，岩体高温给深部资源开采带来一系列问题，而对地热资源的开发利用又是极其有利的，以上问题的结合点就在于深部岩体的传热机理。

第二节　我国深井地温状况

我国煤炭资源在地质史上的成煤期共有 14 个，其中最主要的 4 个成煤期分别是：分布在华北一带的晚炭纪—早二叠纪、分布在南方各省的晚二叠纪，分布在华北北部、东北南部和西北地区的早中侏罗纪以及分布在东北地区、内蒙古东部的晚侏罗纪—早白垩纪。它们所赋存的煤炭资源量分别占我国煤炭资源总量的 26%，5%，60% 和 7%，合计占资源总量的 98%。中国煤炭资源分布面积广，除上海市外，其他省、自治区、直辖市都有不同数量的煤炭资源。从煤炭资源的分布区域看，华北地区最多，占全国保有储量的 49.25%，其次为西北地区，占全国的 30.39%，以下依次为西南地区占 8.64%，华东地区占 5.7%，中南地区占 3.06%，东北地区占 2.97%。按省、市、自治区计算，山西、内蒙古、陕西、新疆、贵州和宁夏六省区最多，这六省的保有储量约占全国的 81.6%。

除山西、内蒙古等省区的部分煤田以外，我国的煤炭资源大部分依赖井工开采，尤其是深井开采，因此，面临的高温问题成为近年来的研究热点问题。我国地温研究表明，煤炭主要赋存区由于受到地壳深部结构、岩浆作用、赋存区地质构造及其活动性的影响，地温梯度存在较大差异。我国煤炭主要赋存区的恒温带深度一般在 20~30m，恒温带的温度和深度与该区域的地形及气候有直接关系。一般来说，低纬度带温度较高，恒温带较浅。

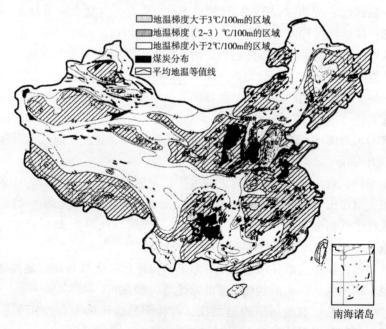

图 1.1　我国主要煤田地温梯度区划图

　　根据我国各煤炭赋存区的地温梯度，将我国主要煤田地温梯度划分为三个区域：地温梯度小于2℃/100m 的区域、地温梯度为(2~3)℃/100m 的区域和地温梯度大于3℃/100m 的区域。结合我国煤田分布图，地温梯度区划图见图1.1（引自《中国地温分布的基本特征》）。

　　由图1.1 可以看出，我国地温梯度的总体趋势是东高西低、南高北低。

　　东部地区：地温梯度大多在（3~4）℃/100m，其中东北松辽盆地的地温梯度最高，一般在（3.5~4.0）℃/100m，最高可达6.0℃/100m。

　　东北地区：主要为蒙东（东北）基地，包括扎赉诺尔、宝日希勒、伊敏、大雁、霍林河、平庄、白音华、胜利、阜新、调兵山、沈阳、抚顺、鸡西、七台河、双鸭山、鹤岗。其中黑龙江和吉林部分煤田地温梯度大于3.0℃/100m，蒙东基地以及辽宁、吉林和黑龙江东部地区煤田地温梯度为（2.5~3.0）℃/100m。

　　华北地区：大部分地区地温梯度为（3.2~3.5）℃/100m，局部可达7.0℃/100m 以上。其中冀南、鲁西、豫东、苏北、皖北等地区部分煤田地温梯度大于3.0℃/100m，其他大部分煤田地温梯度为（2.0~3.0）℃/100m。

　　东南沿海地区：地温梯度一般在（2.5~3.5）℃/100m，尤其是沿海地区的温州、大浦、广州一线以东地区多为3.0℃/100m 以上，其中一些局部地热异常区域的地温梯度可达（6.0~7.0）℃/100m。

　　中部地区：鄂尔多斯盆地、四川盆地及其以南的滇、黔、桂地区，地温梯度多在2.5℃/100m 左右，局部地区达3.0℃/100m 以上。云南东部、贵州、广西地区的地温梯度一般为（2.0~2.5）℃/100m，昆明—六盘水一带地温梯度比较高；中部山区的地温梯度一般为（1.5~2.0）℃/100m。

　　西部地区：地温梯度分布总趋势为南高北低，西藏和云南西部地区存在一条较高的地温梯度陡变带，一般均在（2.5~3.0）℃/100m，最高可达7.0℃/100m 以上，一些受构造控制的高温异常区域还要高出数倍，高山区的地温梯度一般低于1.5℃/100m。藏北高原盆地的中部大部分在（2.5~3.0）℃/100m，最高可达（3.5~4.0）℃/100m。青藏高原的其他地区和云南西部的三江地区地温梯度多低于1.5℃/100m。

　　根据王钧、黄尚瑶和黄歌山等人的《中国地温分布的基本特征》中的深地温资料，在我国煤田分布图上描绘 –1000m 的地温等值线图（见图1.2），并根据地温等值线将其划分为地温大于45℃的高地温区域、地温为35~45℃的中地温区域和地温小于35℃的低地温区域。

　　东部地区：松辽盆地和华北盆地、东南沿海地区的南部等地区地温最高，下辽河盆地、都阳盆地、南阳盆地、苏北盆地等一般在40~45℃。

　　东北地区：松辽盆地周围的黑龙江、吉林部分煤田地温超过45℃，黑龙江东部和辽宁大部分煤田地温为35~45℃。

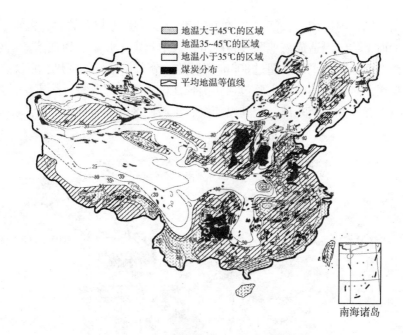

图 1.2 我国主要煤炭分布区 - 1000m 地温区划图

华北地区：鲁西、豫东、苏北、皖北等地煤田大部分超过 40℃，部分煤田地温超过 45℃。

中部地区：最高地温出现在四川盆地的中南部、南宁及百色盆地、南盘江盆地的部分地区，最高地温可达 50℃ 以上。鄂尔多斯盆地、四川盆地以及云南、贵州、广西广大地区的地温为 35 ～ 40℃；云贵地区的地温大部分为 35 ～ 40℃，局部超过 45℃。

西部地区：柴达木盆地和河西走廊地区零星分布有地温超过 45℃ 的煤田，塔里木盆地局部地温超过 35℃，其余大部分地区地温为 35 ～ 45℃，准噶尔盆地的地温为 30 ～ 35℃，部分地区为 25 ～ 30℃。

我国煤炭资源主要分布在 13 个大型煤炭基地的 98 个矿区，这些基地分别为神东基地、陕北基地、黄陇基地、晋北基地、晋中基地、晋东基地、蒙东（东北）基地、两淮基地、鲁西基地、河南基地、冀中基地、云贵基地和宁东基地。根据地温场特征可以看出，高温区域主要集中在东部地区和青藏高原局部，在我国高地温区域的矿井主要集中在东北基地、两淮基地、鲁西基地、河南基地以及冀中基地等东部。根据我国现有热害矿井调查，把我国东部矿井划分为北区、中区和南区三个热害区，我国现有热害矿井的分布见图 1.3。

东部北热害区主要包括我国黄河以北东部各省，热害矿井主要为河北、辽宁及内蒙古东部地区开采深度超过 600m 的矿井，典型的热害矿井分布在峰峰、开滦、沈阳、抚顺、调兵山等矿区。东部中热害区是我国现阶段热害最为严重的区

域，包括我国黄河以南、长江以北的东部各省份，超过 40℃的岩体温度与 32℃
的夏季地面平均气温造成该地区热害严重，其中热害矿井主要为江苏、山东、安
徽和河南东部地区开采深度超过 800m 的矿井，分布在徐州、兖州、新汶、永城、
两淮等矿区。东部南热害区主要包括我国长江以南的东部各省，热害矿井主要分
布在江西、福建和湖南东部，尤其以萍乡、丰城矿区的热害最为严重。

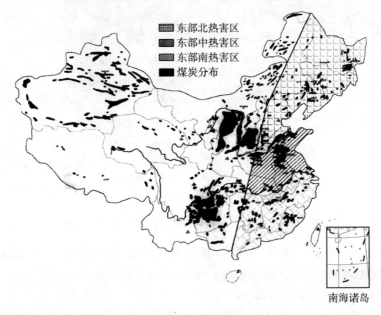

图 1.3　我国现有热害矿井分布图

第三节　国内外研究现状

　　国外矿井热害现象研究最早开始于 1740 年，法国针对金属矿山的地温进行
监测，开始了对高温问题研究。18 世纪后期，英国开始对矿井巷道的气温进行
系统的观测，研究井下气候条件及其影响因素，并提出了风温随着深度的增加而
升高的规律，为地热梯度的研究奠定了基础。1915 年，巴西 Morro Velno 金矿面
对矿井开采降温的需要，首次将空调系统应用到矿山工程。由于当时世界各国煤
矿的开采规模都比较小，矿山热害问题并不十分严重。

　　矿井围岩温度经典计算方法的研究开始于 20 世纪 20—50 年代。1923 年，德
国的 Heist Drekopt 在假定巷壁温度为稳定周期性变化的条件下，分析了围岩内部
温度场的周期性变化，提出了围岩调热圈的基本概念。1939—1941 年，南非的
Biccand Jappe 发表了深井风温预测的相关论文，提出了矿井风流温度计算的基本
思路。1939—1952 年，德国、日本、英国等国的学者基于热交换理论，推导了理

想条件下围岩调热圈温度场的解析解。1953—1955 年，苏联和日本的学者提出了比较精确的不稳定换热系数、调热圈温度场的计算方法以及围岩与风流换热的近似计算式，这些研究成果奠定了热害理论经典计算方法的理论基础。随着电子计算机技术的发展，1966 年，德国 Nottort 等用数值计算法分析了围岩调热圈的温度场，数值计算方法由此逐步应用于矿井风流热计算和风温预测计算。

矿井围岩热物理参数的测试技术开始于 20 世纪 50—70 年代。1964 年，德国的 Mucke 用圆板状试块测定稳态导热条件下岩石的导热系数；1967 年，Shernat 通过对巷道强制加热实测了围岩的温度场分布，Starfieid 等分析探讨了巷道在潮湿条件下的热交换规律，对围岩热参数进行了实测和理论计算。

20 世纪 70—90 年代，矿井降温的计算方法理论研究逐步建立和发展起来，如苏联舍尔巴尼等著的《矿井降温指南》、日本平松等著的《通风学》、德国 Fusi 著的《矿井气候》等。另外，德国的 J. voss 等相继提出了一整套采掘工作面的风温预测方法，美国的 J. Mcguaid 系统地提出了矿井热害治理的各种对策，保加利亚的 Shcherban 等论述了掘进工作面的风温预测。80 年代以后，理论研究与工程实际相结合，使得研究成果提高到一个新的水平。如日本的内野等学者用差分法求解不同巷道形状和岩性条件下的调热圈温度场，提出了考虑风流入口温度变化和地下水影响下的风温计算公式；南非的 Starfild 等也提出了更为精确的不稳定传热系数的计算公式。从检索到的文献看，侧重于对风流与围岩间的热交换系数、当量热导率、热湿比以及湿度系数等关键系数的研究和计算。

我国对矿井降温理论的研究开始于 20 世纪 50 年代，并对少数矿井进行了矿内风流热力状态参数观测分析，沈阳矿区等的研究人员开展了一些矿井降温理论的研究，但有代表性的成果不多。

我国矿井降温理论研究在 20 世纪 80 年代以后有了实质性进展，发表了较多的论文，如黄翰文的《矿井风温预测的探讨》和《矿井风温预测的统计研究》、杨德源的《矿井风流的热交换》等。80 年代后期，比较完整的矿井降温学科理论体系逐步形成，一些系统专著相继出版。如岑衍强等编著的《矿内热环境工程》、余恒昌主编的《矿山地热与热害治理》、严荣林等主编的《矿井空调技术》、王隆平编著的《矿井降温与制冷》等。在学术论文方面，采用数值模拟方法研究矿内热湿交换规律等的论文大量出现。

由此可见，岩层高温这一矿山开采所面临的具有共性、基础性和紧迫性的问题，已经引起国内外科技工作者的重视，国内外针对深部工程高温问题的研究主要集中在以下方面。

（1）工程热传导问题

该研究始于 20 世纪 80 年代，最初主要集中于地温梯度的研究，建立深层岩体温度预测的经验公式。Shonder Ja、于明志等提出了地温及深部岩土体导热系数的监测方法。近年来，针对复杂环境下岩石（体）导热性质的研究仍是国内外学者研究的热点问题之一，陈则韶在热物性测试方法和热物性预示推算方面做了大量的研究；C. M. R. Fowler，V. P. Ol'shanskii，彭担任等研究了煤与岩石的导热性质、导热系数和综合导热系数及其计算；郭中平、王志军对高温矿井地温分布规律及其评价体系进行了系统研究；王飞在复杂高温灾害矿井综合治理技术方面进行了研究及应用；白兰兰、陈建生等对裂隙岩体热流模型进行了研究，这些为研究深部工程的高温问题奠定了基础。

（2）工程环境对围岩传热的影响

围岩与工程环境的热交换问题也是深部围岩传热过程研究的主要内容之一，主要研究围岩与风流的热交换问题、调热圈半径及其温度场的数值计算、矿井降温与高温治理技术以及巷道内机电设备散热对风流温度的影响等。Petr Stulc 等研究了由开采引发的地下水运动对温度的影响；张树光、孙树魁等研究了埋深、风流速度、入口温度等对巷道温度场分布的影响，渗流作用对岩体内部温度场分布的影响，风流与岩体的热交换过程，岩体内部的温度场分布等；高建良、张学博对潮湿巷道风流温度及湿度计算方法及湿度变化规律进行了研究；王继仁、周西华等对风－岩的热交换作用进行了数值模拟研究；袁亮对淮南矿区矿井的降温进行了研究与实践；何满潮、杨胜强、张朝吕、朱孔盛等研究了深部开采的热环境及其治理对策与降温技术。

（3）水热耦合迁移问题

针对地下工程，基于温度、渗流、变形、应力等的多场耦合理论得到广泛的应用。王补宣、胡柏耿等建立了孔隙-裂隙岩层中的水流和热迁移的数学模型，研究了非均一多孔介质中的水热迁移规律；仵彦卿、赵镇南、徐曾和、H. Inaba 等对固液两相流中微对流强化的机理进行了理论分析和数值模拟；柴军瑞等提出了岩体渗流－应力－温度三场耦合的连续介质模型及岩体裂缝网络非线性渗流控制方程式；李宁等提出了裂隙岩体介质的温度－渗流－变形耦合模型，并进行了有限元解析；杨天鸿等提出了煤体变形过程中应力、损伤与透气性演化的耦合作用方程，建立了含瓦斯煤岩破裂过程固气耦合作用模型；刘亚晨等对裂隙岩体水热耦合迁移及其与应力的耦合过程进行了分析；陈占清、缪协兴等讨论了采动围岩渗流系统在时变渗透特性和时变边界条件下的动力学响应；谭凯旋、谢焱石、邓军等提出了构造－流体－成矿系统及其动力学的理论框架与方法体系，研究了构造和流体在成矿中的关键作用；王琴、程宝义、缪小平等对地下工程岩土耦合传热过程进行了动态模拟；梁卫国等建立了矿床开采的固－液－热－传质耦合的数学模型与数值模拟；赵阳升等提出了块裂介质岩体变形与气体渗流的耦合数学模型及其数值解法；白冰等对半无限成层饱和多孔介质作用随时间变化的温度荷载的热固结问题进行了解析求解，并且针对热－水－力耦合线性弹性控制方程考虑了热渗效应和等温热流效应的影响；吉小明、白世伟、杨春和等对裂隙岩体流固耦合双重介质模型进行了有限元计算。张树光、吴强等对渗流和风流耦合作用下围岩的温度场进行了数值模拟计算。多场耦合问题及其数值解法的研究极大地推动了裂隙岩体、受扰动岩体以及多孔介质等流固相互作用及其相关问题的研究。

　　综上所述，国内外已经在地温与岩体的导热性、多场耦合分析、热交换与迁移、热环境与降温技术等方面进行了大量的研究和实践，我国针对复杂应力条件下裂隙岩体渗流应力耦合机理、高温作用下裂隙岩体水热耦合迁移及其与应力的耦合分析等也正在进行深入的研究和探索，初步的研究成果表明，开采扰动与渗流场的相互作用对深部围岩换热与传热的影响同样不可忽视。

第二章　岩体传热的基本理论

岩体属于天然材料，在自然界中有着非常广泛的分布，工程中常将岩体作为建筑材料或工程环境的重要组成部分，目前的研究范围主要集中在岩体的力学性质上。随着工程建设的发展，对岩体的利用越来越充分，如何更好地利用这一天然材料的物理性质已逐渐成为研究热点。

第一节　岩体传热中的工程热力学

1. 传热过程分类

岩体的传热过程是一种复杂的物理现象，传热按照其本质不同可以分为三种形式，包括热传导、热对流和热辐射。

岩体的热传导是指岩体内部由于存在不同的温度，在高温和低温之间存在能量差，并且岩体作为一种传热介质，热能可以通过岩体这个导热介质进行流动，热能从高温区域向低温区域的传递叫做热传导。

严格地讲，岩体中的热对流实质并不是岩体自身的热对流，而是岩体中发育的孔隙和裂隙中赋存的流体或者气体的热对流。热对流是指在岩体中的流体或气体中产生的热现象，对流产生的条件是存在温度不同的流体，由于热量发生热扰动和混合引起热量传递，所以当岩体中存在可以自由运动的流体或者气体时，流体或者气体的运动特性对岩体的温度场分布也会有重要影响，在流体和气体发生对流时，热传导也在进行。

岩体中还存在着一种传热形式，即辐射传热，辐射是电磁波传热的一种形式，热能首先转化为辐射能，被岩体向外扩散发射，在辐射到相邻岩体时，被岩体吸收进而再次转化为热能，所以热辐射除了存在能量的传递外，还存在能量的转化。

实际上，在任何情况下，岩体中的传热形式都不是单独存在一种，而是多种传热形式共同作用。传热过程具有复杂性，分析岩体传热问题时，需要根据实际问题的需要，分析传热问题所采用的关键传热形式。

2. 传热的表示形式

岩体中存在传热的必要条件是岩体中存在热能差异，即存在温度差，没有温差的岩体，传热处于动态平衡。岩体不同区域的温度差的大小会影响岩体传热动力大小，在确定了岩体中温差的大小后，即确定了传热的主动力；其次需要确定的是岩体中阻碍热量传递的阻力，比如两个温差区域的距离远近、热辐射的吸收和发射能力等，这些对传热动力的阻力叫做热阻，反映在岩体物理性质上表示导热系数的大小。

岩体热阻的表达随传热方式的不同而变化，相同条件下，热阻越大表示传热越困难。岩体传热是多种传热方式组合在一起的综合作用，热阻应该是几种传热方式的复杂结合，温度差与热阻的相互关系也非常复杂。两个不同区域之间单位时间里传递的热量称为热流，这两个区域之间的温差叫做热差，热差和热流同热阻之间存在的是反比关系。探讨不同热流、热压和热阻之间的相互影响关系，对其进行数值计算，对传热量与传热快慢进行数学描述，是岩体传热学的主要任务之一。本书在对岩体传热进行讨论时，研究不同传热方式单独影响下岩体的等效导热系数的变化，逐项求解岩体等效导热系数，探讨等效导热系数与岩体自身物理性质之间的关系。

3. 稳态热传导

由于地壳中存在各种复杂的地质活动，岩土层中也存在不同的温度区域，不同位置的温度也在随时间而不断改变，比如热流的传导方向会逐渐变化，这种不断改变的导热形式称为非稳定导热状态，相对于非稳定导热状态，稳定导热状态是指热流体系里热量传递不随时间的改变而发生改变。

热传导是指组成物体的分子、原子或者离子通过热振动的方式将热量传递给相邻的微观粒子，岩体稳态的热传导实质是一定时间内传入岩体的热量与流出岩体的热量相等。

稳态导热常用傅里叶方程来进行求解。设两个等温面之间的温差为 dt，两个等温面之间的间距为 dx，传递的热量 Q 与 dt 成正比，与 dx 成反比，可表示为

$$Q = -\alpha A \frac{dt}{dx}$$

式中，α 为比例系数，根据具体的传热问题进行确定；Q 为 dx 方向传递的热流；A 为 dx 方向投影的传热面积。

式中的负号表示能量传递的方向：从能量高的区域向能量低的区域流动；dt 以高温方向为正，低温方向为负。

岩体的导热系数是表示其导热能力的物理量，导热系数在物理学中的表述是当传热的物体厚度为 1m 时，两个传热表面的温差为 1℃，在 1s 内通过 1m^2 面积所传递的热量。导热系数的大小取决于传热物体自身性质，岩体的等效导热系数是岩体中流体和气体与岩体骨架的导热系数耦合的结果。从物体状态的一般情况来看，气态物质的导热系数往往较小，导热系数的大小一般分布在 0.005 ~ 0.5W/(m·℃)；液态物质的导热系数则分布于 0.1 ~ 2.5W/(m·℃)；导热系

数较大的物理状态为固体状态，一般在 $2.5 \sim 400\text{W}/(\text{m} \cdot \text{℃})$，金属的导热系数较大。由于孔隙的存在，岩体的导热系数一般较小。

导热系数的大小除了和岩体自身的性质有关外，和温差也有关系。岩体的导热系数和温差之间关系较为复杂，工程热力学中的导热系数常常简化为与温度相关的线性函数

$$\lambda = \lambda_0 + at$$

式中，λ_0 是材料在常温下的导热系数；a 表示在一定的实用温度范围内的实验系数，一般气态物质的实验系数不小于零，绝大部分耐热耐火材料和金属物质的实验系数随温度的升高而变大，即导热系数和温度环境之间是正相关的。

第二节 热传导基本方程

1. 平板热传导方程

研究岩体温度场分布时，需要考虑岩体中裂隙带发育对岩体温度场分布产生的影响。裂隙带中流体的赋存和运动也是非常重要的改变条件，在对岩体的裂隙进行计算时，一般将岩体裂隙或裂隙带进行平板假设。将粗糙的裂隙表面假设为光滑的平面，并且将温度传递方向简化为两种，即垂直裂隙传递和平行裂隙传递，计算沿裂隙法向传递热量的变化就需要用到平壁导热传热方程。

(1) 岩土层单平板传热假设

设岩土层两侧温度分别为 t_1 和 t_2，岩土层厚度为 d，在岩土层进行稳态热传导时的方程可以写成

$$Q = \lambda_{\text{eq}} S \frac{t_1 - t_2}{d} \tag{2.1}$$

式中，S 为岩土层两侧温差为 t_1 和 t_2 的区域的传热面积；λ_{eq} 为岩土层的等效导热系数。

通过式 (2.1) 可以比较容易地观察到岩体导热稳定时的热动力就是岩体两侧的温差 $t_1 - t_2$，热阻力则是 $\dfrac{d}{\lambda_{\text{eq}} S}$。即单层平板传热假设条件下，岩体计算范围内的热阻力与该计算范围内两温度差之间的厚度 d 为正比关系。同时，热阻力和该岩土层的等效导热系数 λ_{eq} 以及传热面积 S 成反比。

(2) 岩土层多平板传热假设

岩体具有很明显的层理构造，岩土层并不是单一均匀的，而是多个物理性质相差很大的岩土层共同组合而成的，两个不同的岩土层的温度分布为 t_1，t_2 和 t_3，各层的厚度分别为 d_1 和 d_2，导热系数分别为 λ_1 和 λ_2，假设两个岩土层之间无缝隙连接，且接触面无热量损失，如图 2.1 所示。

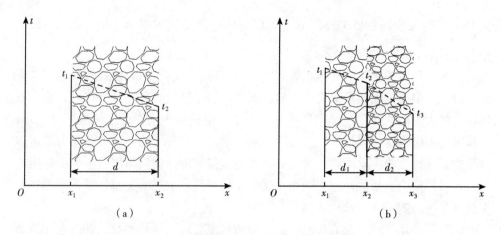

图 2.1　岩土层单平板假设传热与岩土层多平板假设传热

对物理性质不同的两个或两个以上的岩土层应用平板传热方程时，需要分别计算两个岩土层的热压力与热阻力之间的关系，之后将两个岩土层共同的热效应组合起来，就可以求得岩土层多平板假设下的传热方程。对横坐标范围在 x_1 和 x_2 范围内的岩土层应用单层平板传热方程得到第一层的热流

$$Q_1 = \lambda_1 S \frac{t_1 - t_2}{d_1} \tag{2.2}$$

第二层

$$Q_2 = \lambda_2 S \frac{t_2 - t_3}{d_2} \tag{2.3}$$

分析两个岩土层的热状态均为稳定热态，通过左侧岩土层和右侧岩土层的热流应该在数值上相等，即 $Q = Q_1 = Q_2$，可以得到

$$Q = \frac{t_1 - t_3}{\dfrac{d_1}{\lambda_1} + \dfrac{d_2}{\lambda_2}} S$$

当流过岩体的热流量求得之后，可以按照式（2.2）或式（2.3）求出两个岩土层接触面的温度 t_2

$$t_2 = t_1 - Q \frac{d_1}{\lambda_1 S} \quad 或 \quad t_2 = t_3 + Q \frac{d_2}{\lambda_2 S}$$

从以上两式得出，导热性质不同的两个岩土层间的热流等于两个岩土层之间的热压力与热阻力的比，用以上方式可以求出通过多层岩土层传导的热量

$$Q = \frac{t_1 - t_n}{\sum\limits_{i=1}^{n} R_i}$$

式中，$\sum_{i=1}^{n} R_i$ 是多层岩体的热阻和，单层岩体的热阻值为 $R_i = \dfrac{d_i}{\lambda_i S_i}$，$d_i$，$\lambda_i$ 和 S_i 分别表示第 i 层岩体的传热厚度、导热系数和传热面积。

在对多层岩体的等效导热系数的推导中，将岩土层之间的接触假设为紧密光滑接触，接触面处无能量损失。实际情况中，岩土层之间很难紧密接触，会存在导热性能很差的气体层，虽然导热系数很小，但是由于这样的气体层厚度很小，计算时可不考虑这层气体的导热性质。岩土层间接触产生的一部分热阻力是可以计算的，这种在热力学中将两种材料不能完全接触而存在气体层所产生的热阻力称为接触热阻力，接触热阻力的大小受岩土层之间的填充物类型、填充物厚度和温度高低的影响。

在应用多层岩体传热方程时，需要知道每层岩体的导热系数，即需要知道每个岩土层传热面两面的温度值。此时需要用到试算逼近法，一般先假设接触面温度按岩土层外侧温度与岩土层厚度之间的比例关系进行线性插值计算，得出线性插值的接触面温度，然后算出热流量的值，如果与实际情况相差很多则以计算结果为依据对假设值进行修正，多次计算后则可以得到较为精确的接触面温度。

2. 非平板热传导方程

岩土层平面传热假设中，热量由面域向面域传递，即热源与受热部分均为平面，但在自然界或人类工程中，热源与受热部分面积经常相差悬殊，相比从面域向面域的热传导，有很多热源与周围岩体之间的传热方式为线性热源向无穷大面积传热。推导热传导方程时，取线性热源周围一定范围内的导热介质进行计算，计算范围内的介质形状与线性热源形状相似，成比例放大。

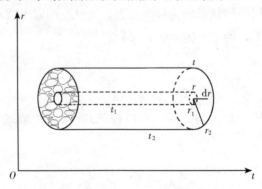

图 2.2　岩体的线性热源稳态传热

可以看出，岩体线性热源传热时，受热面积是不断变化的，而平面导热的特点是受热面始终不变。对于线性热源在岩体中的传热，围岩的导热面随着热流的传递越来越大，假设温度沿轴向无损失，温度的变化只在径向发生，并且等温线都与表面平行，如图 2.2 所示。岩体二维线性传热的计算如下，热源的初始计算半径为 r_1，传热范围计算半径 r_2，热源初始计算温度为 t_1，传热范围计算温度为 t_2，热源的温度沿轴向不发生变化，等温面为一系列的同心圆柱面，在半径为 r（$r_1 < r < r_2$）处取微小厚度 dr，设圆柱体的长度为 L，半径为 r 时所包围的面积是 $A = 2\pi r L$，可以表示出热源向外部按照圆柱面的等温形式传导的热量

$$Q = -2\pi r L \lambda \frac{dt}{dr} \tag{2.4}$$

式中，λ 表示导热系数，对式（2.4）变形并积分，可以得出

$$\frac{\lambda}{Q}(t_1 - t_2) = \frac{1}{2\pi r L}\ln\frac{r_2}{r_1}$$

可以得出热流量的表达式为

$$Q = \frac{t_1 - t_2}{2\pi r L}\lambda \times \frac{r_2 - r_1}{\ln\frac{r_2}{r_1}}$$

岩体非平板传热公式与岩土层平板传热假设十分相似，只是替代了传热面。

第三节　岩体中的对流传热

1. 流体对流传热

地表以下的岩体中含有流体，流体在岩体的孔隙和裂隙中赋存，并在水压力或构造力等的作用下产生流动。由于岩体中流体的流动必然携带热量，所以需要考虑流体流动对岩体温度场带来的影响，流体由于自身温度高低产生对流作用而发生运动并与周围岩体产生热交换的过程称为对流换热或对流传热。

研究岩体中流体对流传热需要引进流体边界层、传热边界层和主流等概念。岩体中流体常常是流动的，在流动过程中，流体在岩体中的运动一般较为缓慢，流体与岩体接触的表面会产生一个流速非常缓慢的流体层，这个流体层内的流体流速近似为零，这样的流体层称为流体边界层。引入热学知识后，在流体与岩体温度场温差较大、发生能量交换时，两者接触面上流体和岩体的一层薄膜中温度发生很大差异，流体和岩体的主要温度变化区域发生于此，这样的边界被命名为传热边界。除去以上的边界层，流体速度和温度都不发生较大改变的区域则被命名为主流。

当流体雷诺数较大时，流体处于紊流状态（紊流发生的条件是流体流速较大、流体断面较大并且黏性较小），岩体中的流体流速一般较低，流体流动孔道断面也很小，所以对岩体中流体流动进行研究时，一般采取自然对流假设。

对流传热的分类可以根据流体流动的原因不同分为强制对流和自然对流，一

般的对流传热公式为

$$Q = \alpha(t_1 - t_s)A$$

式中，Q 为通过对流传递的热量；α 为对流传热系数；t_1 表示传热的流体的温度；t_s 表示与流体接触的岩体的温度。

按以上定义可以写出对流传热系数为

$$\alpha = \frac{Q}{(t_1 - t_s)}A$$

对流传热系数的物理意义表示当流体与岩体的壁面接触温度相差 1℃ 时，单位时间内单位面积上的热传导传热值。以上的对流传热计算公式存在较大的局限性，没有解决计算问题，只是给出了传热的计算方法。

2. 对流热传导参数

研究岩体的传热系统需要大量复杂的实验，为了使实验结果可以最大限度地反映真实情况，并且降低实验过程的复杂性，需要用到相似性原理，可以得到相似准数方程，几何学中的相似性理论可以推广到热学理论中，需要用到相似准数概念，比如流体力学中的雷诺数 Re。雷诺数是表示流体流动状态的参数，是流体流动时的动力相似准数，对于几何相似前提下的流体流动，如果雷诺数相同，则流动状态便是相似的。

在自然流动中，与表述流动状态的雷诺数同样是相似准数的还有格拉斯霍夫准数 Gr，流体对流流动的流速和密度相关，对流时流体内部各部分由于密度不同，存在浮力差，由于浮力差产生了流体的运动，体现在不同密度下流体流动可以用位能水头转变为势能水头求出

$$\lg(\rho_2 - \rho_1) = \rho_1 \frac{\omega^2}{2}$$

式中，ρ_1 和 ρ_2 分别表示流体不同区域在温度不同时密度。

由此可知，在热流系统中，几何相似的条件也是成立的，如果两个流体的格拉斯霍夫准数相同，就表示它们的对流形式和流动形式是相同的。

对流传热交换的总的热能可以根据牛顿热力学公式表达

$$Q_{总} = \alpha A(t_1 - t_s)$$

在对流传热交换的热能中，热传导所传递的热能用牛顿热力公式表达

$$Q_{导} = \frac{\lambda A(t_1 - t_s)}{d}$$

式中，λ 为接触层部分的导热系数；t_1 和 t_s 分别为流体温度和岩体接触面的温度；d 表示主流到接触面的距离。

根据以上公式并不能充分说明岩体中流体对流传热过程的本质，流体的导热系数和流体传热时的边界层厚度都是需要考虑的，所以需要用体现岩体中的对流

发展程度的参数，这样的参数可以通过对流热交换的总热能与对流热交换中热传导传递的热能的比值去衡量

$$\frac{Q_{总}}{Q_{导}} = \frac{\alpha A(t_1 - t_s)}{\dfrac{\lambda A(t_1 - t_s)}{d}} = \frac{\alpha d}{\lambda}$$

写成：$Nu = \dfrac{\alpha d}{\lambda}$，$Nu$ 叫做努塞尔准数。努塞尔准数越大，表示对流传热过程进行得越强；当 Nu 的值最大时，表明整个对流热交换里发生的主要是导热效果，这时的对流传热表现形式为热传导。

由于不同流体的物理特性存在差异，引入可以描述相似流体特性的相似准数普朗特准数 Pr，表达式为

$$Pr = \frac{\upsilon}{\alpha} = \frac{\rho \upsilon C_1}{\lambda}$$

式中，υ 表示流体的动黏滞系数；ρ 为流体的密度；C_1 表示流体的比热容。

以上参数中的雷诺准数 Re 和格拉斯霍夫准数 Gr 表示流动的两种形式，并且分别用来描述强制流动和自然流动；努塞尔准数 Nu 则体现了自然对流现象的本质；普朗特准数 Pr 表示流体本身的热学性质。

已经知道相似准数的相似性定理，数值上相同的准数可以用来描述该准数条件下的其他现象，相似准数的方程则表示组成该准数方程的各个准数的相似性，这些相似准数决定的多个简单物理现象的综合作用也是相似的，如流体的流动形式和流体与岩体热交换的形式在 Re，Gr 和 Nu 相似的前提下，不同系统的流体运动和传热形式是相同的。

第三章　裂隙岩体的导热性分析与测试

流热耦合条件下围岩导热系数的研究，以多孔介质的导热系数研究为主。胡雪蛟、杜建华等研究了非饱和含湿多孔介质传热传质的过程，研究表明随着液相饱和度的增加，多孔介质的导热系数先迅速增加，然后逐渐趋于平稳；刘光廷、黄达海等以混凝土为多孔介质，研究了孔隙率对导热系数的影响，研究表明孔隙率的大小是影响其有效导热系数的主要因素，但孔隙本身的大小和分布也有影响，有时不同的孔隙分布特别是大孔隙的分布的影响会很大；张强林、王媛提出，裂隙岩体的热物理性能主要通过岩体的热传导来反映，存在裂隙时，热量传导不仅沿裂隙面方向，也沿法向方向发生，因此进行热传导系数等效时，必须对二者同时考虑；吴刚研究了砂的导热系数与温度的关系，研究表明砂的导热系数随着温度的升高而增大；张延军、于子望等根据国内外对导热系数的温度影响问题的研究，通过大量的实测数据和数值理论计算，总结了常温条件范围内各类岩土材料导热系数与温度之间的经验关系以及它们的温度变异影响系数 β，各类岩土材料的 β 值普遍较小，大多在 10^{-3} 数量级上，导热系数与温度关系曲线近线性。但是这些研究都重点研究孔隙即固体本身因素对其导热系数的影响，而对于流热耦合条件下流体的性质对导热系数的影响研究较少。

第一节　裂隙岩体传热原理

根据传热学理论，地球内部和岩体中的热量传递方式有传导、对流、辐射三种方式，传导传热是地壳内部热传导的主要方式；对流传热主要发生在地球内部有物质转移的地区，如火山活动区、地下水流动区及地表与大气层之间等；辐射传热主要发生在地球表面和太阳之间，地球表面的温度主要取决于太阳和地球之间的热辐射交换，对于有渗流发生的裂隙岩体地区，热量传递方式主要以热传导和热对流为主。

1. 裂隙岩体渗流的各向异性

热传导是大家较为熟知的传热形式，岩石内部热量的主要传递形式就是热传导。尤其是当岩石为完全致密或岩石中的孔隙很小时，由物质运动引起能量转移的对流传热机制会受到抑制，可以看做仅发生固体间的热传导。根据热力学第二定律，一个封闭系统内部的温度差将随着时间的推移而逐渐均一化；温度均一化的过程和热流从高温点向低温点的流动相伴而生，任何两点间的热流运动速率将随着温差的增大而加大。在岩石中，这种温度的逐渐均一化过程主要通过分子间的相互作用来实现。

各向同性或各向异性岩石中的热流关系均满足傅里叶定律，即

$$q = -\lambda \mathbf{grad}t$$

式中，q 为热量矢量；λ 为导热系数；$\mathbf{grad}t$ 为温度梯度。

2. 裂隙岩体中的热对流

热对流是指流体各部分之间发生相对位移时所引起的热量传递过程。而引起流体发生相对位移的原因之一是流体与某一固体表面接触时，流体吸收或放出的热量使流体和固体之间产生热交换，造成流体各部分温度差和流体相对运动；另一种原因是由外力促使流体流过某一固体表面，由于流体和固体表面有温度差而产生热交换，从而促使流体做相对运动。因此对流可以分为两类，一种是自然对流，另一种是受迫对流。自然对流的形成是固体物体与非流动的气体或液体接触时，由于固体表面和流体之间的温度差产生热交换使流体内部产生足够大的温度差，使流体做相对运动。受迫对流是由于某种外界力的作用产生压力差而使液体或气体流动，液体或气体流过固体表面，热量便通过固体表面进行传递，岩石裂隙中的地下水流过便属于这种热传递，在地下水与岩石进行热对流的同时，也伴随着热量的传递过程。

对流换热量可以根据牛顿冷却定律来计算，当物体放入介质中冷却时，单位时间内从物体表面传给介质的热量和物体表面与介质之间的温度差成正比。设岩石的温度为 t_{m}，流体的温度为 t_{w}（$t_{\mathrm{m}} > t_{\mathrm{w}}$），则吸收的热量为

$$Q = Ah(t_{\mathrm{m}} - t_{\mathrm{w}})$$

式中，h 为对流热交换系数；A 为物体的表面积。

3. 导热及导热系数的定义

物体各部分之间不发生相对位移时，依靠分子、原子及自由电子等微观粒子的热运动进行的热量传递称为导热。通过对实践经验的提炼，导热现象的规律已经总结为傅里叶定律。图 3.1 所示为通过平板的导热。

两个平面平板的表面均维持各自的均匀温度，对于 x 方向上任意一个厚度为 $\mathrm{d}x$ 的微元层，这是一个简单的一维导热问题。单位时间内通过某一给定面积的热量称为热流量，热流量用字母 ϕ 来表示，单位为 W。根据傅里叶定律，单位时间内通过这一层的导热热量与当地的温度变化率及平板截面面积 A 成正比，即

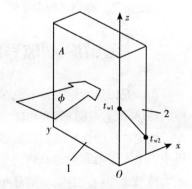

图 3.1　通过平板的一维导热

$$\phi = -KA \frac{\mathrm{d}t}{\mathrm{d}x}$$ (3.1)

式中，K 是比例系数，称为导热系数（又称热导率），负号表示热量传递的方向与温度升高的方向相反。

单位时间内通过单位面积上的热量称为热流密度（又称比热流），用 q 来表示，单位为 W/m^2。傅里叶定律按热流密度形式记为

$$q = \frac{\phi}{A} = -K \frac{\mathrm{d}t}{\mathrm{d}x}$$ (3.2)

式（3.1）和式（3.2）是一维稳态导热时傅里叶定律的数学表达式。更一般的数学表达式如下

$$\phi = -KA \frac{\partial t}{\partial x}$$

式中，ϕ 表示热流量，单位为 W；A 表示平板面积，单位为 m^2；$\frac{\partial t}{\partial x}$ 为温度梯度；K 表示导热系数，单位为 W/(m·K)。

式中的负号表示热量传递的方向指向温度降低的方向，这是满足热力学第二定律所必需的。

傅里叶定律的另一表达式为

$$q = -K\mathbf{grad}t = -K \frac{\partial t}{\partial n} n$$ (3.3)

导热系数的定义式可由式（3.3）推出，得

$$K = -\frac{q}{\frac{\partial t}{\partial n} n}$$

由此可见，导热系数在数值上等于单位温度梯度作用下物体内产生的热流密度。

第二节　裂隙岩体流热耦合导热系数测定方法

在研究传热问题中，不论是分析求解温度场、分析求解热流量、数值求解物体的传热问题，还是研究物体的热物理性质，都需要已知物体的热物理参数。因此，确定物质的这些热物理参数是计算和研究的关键之一。岩石的诸项热物理性质中，最主要参数为岩石热传导系数、比热容和热扩散率（导温系数）等。它们对大地热流和地壳温度场的分布有重大的影响，是研究各种工程岩体传热交换的重要参数。

目前，对于流热耦合条件下围岩的导热系数的研究主要以多孔介质导热系数的研究为主。其中绝大部分的研究表明，在非饱和含湿多孔介质传热传质的过程

中，随着液相饱和度的增加，多孔介质的导热系数先迅速增加，然后逐渐趋于平稳；孔隙率也是影响流热耦合的重要因素，隙率的大小是影响其有效导热系数的主要因素，但孔隙本身的大小和分布也有影响，有时不同的孔隙分布特别是大孔隙的分布的影响差别会很大。裂隙岩体的热物理性能主要通过岩体的热传导来反映，存在裂隙时，热量传导不仅沿裂隙面方向，也沿法向方向发生，因此，进行热传导系数等效时，必须对二者同时考虑。

但是，流热耦合条件下流体的温度变化、流体的流量改变对围岩导热系数的影响还处于待研究阶段，本节在前人理论研究的基础上，进行流热耦合条件下围岩导热系数的试验研究，研究流体温度与流量变化时围岩导热系数的变化规律。

围岩导热系数的试验研究离不开先进的试验设备和现代的测试手段。不同材料的导热系数的研究所选择的测试方法不同，而测试方法的选择直接影响试验设备类型的选择。本试验选择岩样作为围岩的代表进行研究，选用非稳态平板法进行测试。因此，本试验研究除配有完备的岩土工程试验室外，还在国家项目基金的支持下引进了由湖南湘潭仪器仪表有限公司生产的 DRM-II 导热系数测试仪，专门用来完成导热系数的测试研究，如图 3.2 所示。

1. 试验设备及主要功能

本试验采用的主要设备是 DRM-II 导热系数测试仪，以非稳定导热原理为基础，将试验材料中短时间加热，使试验材料的温度发生变化，根据其变化的特点，通过导热微分方程的解，计算出试验材料的导热系数、导温系数及比热容。

DRM-II 导热系数测试仪装置共分三个部分，分别为试件部分、加热系统和温度测量系统。试件部分主要包括试件、试件台及夹具。为便于放置热电偶及加热器，试件三块（二块厚、一块薄）为一组，试件之间夹热电偶与加热器，并用夹具固紧。加热系统包括加热器和 3600 数显可编程电源，加热器用直径为 0.25mm 的康铜丝绕成三段并联，并用薄的绝缘绸布固定，3600 数显可编程电源可精确显示通过加热电器的电流值、电压值、功率。温度测量系统采用直径为 0.1mm 的铜－康铜热电偶。测量温度的仪表是 HG2600 高精度数显毫伏表。DRM-II 导热系数测试仪的主要技术指标见表 3.1，加热器电压选用参考值见表 3.2。

图 3.2 DRM-II 导热系数测试仪

表3.1 DRM-Ⅱ导热系数测试仪的主要技术指标

测试范围/	工作条件			测试结果准确度	测试结果精确度
(W/(m·K))	环境温度/℃	相对湿度	室温要求稳定/℃		
0.035~1.7	35~105	≤80%	-1.5~1.5	±5%	±2%

表3.2 加热器电压选用参考值

加热器电阻近似值 R/Ω	薄试件厚度 d/m	密度 P/(kg/m³)	选用电压 U/V
~40	0.015	100 以下	15 以下
		300~400	15~20
		500~600	25~30
		700~800	30~40
		900 以上	40~45
~40	0.02	300 以下	25 以下
		400~500	30~35
		600~700	35~40
		800~900	40~45
		1000 以上	45 以上

　　本试验研究配备的辅助设备有恒温水浴、玻璃转子流量计和保温桶等。利用恒温水浴进行水温调控，分别得到不同温度下的流固耦合水温，并用玻璃转子流量计对水流的流量加以控制，测试不同流量下的导热系数。玻璃转子流量计为LZB型。它的主要工作原理是：在带有锥形垂直的玻璃管内装有能够上下移动的浮子，当流体自下而上流经锥管时，被浮子节流，在浮子上、下游之间产生压差，浮子在此压差作用下上升，当浮子上升的力与浮子所受的重力、浮力及黏性力三者的合力相等时，浮子处于平衡状态。因此，流经流量计流体的流量与浮子的上升高度即与流量计的流通面积之间存着一定的比例关系。图3.3 所示为本试验的玻璃转子流量计，图3.4 所示为试验所用的恒温水浴。

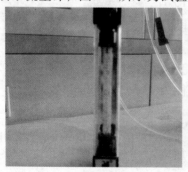

图3.3　LZB 玻璃转子流量计

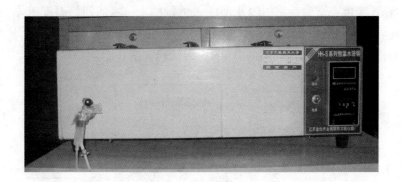

图 3.4　恒温水浴

2. 试样制备

为便于放置热电偶及加热器，试件三块为一组，其中两块厚、一块薄。厚试件和薄试件厚度比为 2∶1，试件尺寸通常为：薄试件（一块）20cm × 20cm × (1.5~3)cm，厚试件（两块）20cm × 20cm × (6~10)cm。本试验中选择的薄试件尺寸为 20cm × 20cm × 2cm，按照薄试件与厚试件的比例，厚试件的尺寸为 20cm × 20cm × 4cm。试件之间夹热电偶与加热器，并用夹具紧固。

本试验所采用的试样在沈阳矿区提取。试样由沈阳测试研究中心切割加工制成，试样尺寸有 20cm × 20cm × 1cm 和 20cm × 20cm × 4cm 两种，其中薄试件（即尺寸为 1cm 厚的岩石切片）使用电锯进行划槽，人为制造裂隙，以模拟后续的流固耦合试验。在此试验中，由于在薄试样中要通以流体，考虑试件过薄不宜采用钻孔，所以选择用两块 1cm 厚的岩石切片组合在一起形成试验所需的 2cm 厚的薄试件，利用导热硅脂将两个切片黏合在一起。在散热与导热应用中，即使是表面非常光洁的两个平面在相互接触时也会有空隙出现，这些空隙中的空气是热的不良导体，会阻碍热量向散热片传导。而导热硅脂就是一种可以填充这些空隙，使热量的传导更加顺畅迅速的材料，它可以把两个光滑平整的接触面有效地黏合在一起且起到良好的导热作用，因此，可以忽略两个接触面之间的缝隙，把它们看成一个接近于 2cm 的完整的薄试件。试件外面采用玻璃胶将岩石切片牢固连接起来。

3. 流热耦合下的围岩导热系数测定

① 试验方案：本试验要研究的两个变量分别是流体温度和流体流量对围岩导热系数的影响。因此，试验分为两部分，一部分是流体流量不变时，温度对围岩导热系数的影响；另一部分是流体温度不变时，速度对围岩导热系数的影响。为了提高试验的精度及可靠性，选择了三组岩样试样进行试验，分别定为试件 a，b，c。

② 装置连接：试验前将恒温水浴注入适量的水，水的初始温度基本为室温。然后将导管与流量计、流量计与试件一端连好，试件的另一端有导管将流体排出水槽，形成一个流固耦合的路径。图 3.5 为试验方案简图。

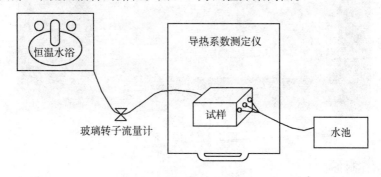

图 3.5　试验方案简图

③ 检查装置：将恒温水浴的水加热到设定的温度后，将恒温水浴阀门打开，流量计调到适当位置，检查流量计转子是否正常。当玻璃转子不再上下浮动时，表示流量指示已稳定，准备进行下一步骤。

④ 将试件放在试件台上，放入热电偶及加热器，热电偶的节点放在试件的中心，然后用夹具将试件夹紧，并将冰瓶装入冰水混合物，热电偶冷端放入冰水混合物中，开启测试仪电源进行试验。

⑤ 启动 DRM 导热系数测试软件，进入测试界面；输入试样的质量、长、宽、高，然后"确认"；再按"自动测试"键，进入自动测试状态，实验步骤栏中显示自动测试过程。自动测试的过程完成后，自动显示导热系数、导温系数、比热容。

⑥ 测试时，当流体温度为变量时，流量定值为 2mL/min；而流量为变量，温度定值为 30℃。按照上面的步骤分别对 a，b，c 三组试件进行流固耦合条件下的测试试验。

第三节　流热耦合导热系数的测试结果分析

从微观角度来看，气体、液体、导电固体和非导电固体的导热机理是有所不同的。气体导热是气体分子不规则热运动相互碰撞的结果。众所周知，气体的温度越高，其分子的动能越大。不同能量水平的分子相互碰撞，使热量从高温处传到低温处。导电固体中有相当多的自由电子，它们的晶格之间像气体分子那样运动。自由电子的运动在导电固体的导热中起着主导作用。在非导电固体中，导热是通过晶格结构的振动，即原子、分子在其平衡附近的振动来实现的。对于液体中的导热机理，还存在着不同的观点。有一种观点认为定性上类似于气体，只是情况更为复杂，因为液体分子间的距离比较近，分子间的作用力对碰撞过程的影响远比气体大。

① 材料种类对导热系数的影响：不同材料的导热系数差异很大。一般地，同一种物质气态时最小，液态时次之，固态时导热系数最大。例如，大气压力下0℃时的冰、水蒸气和水的导热系数分别为0.55，2.22，0.018W/(m·K)。此外，同一物质，晶体时的导热系数比非晶体时的导热系数大得多。

② 温度对材料导热系数的影响：绝大部分材料的导热系数都是温度的函数。通常，随着温度的升高，气体的导热系数值增大；液体的导热系数值减小，但是甘油以及0~120℃的水除外；非金属固体的导热系数随着温度的升高而增大；金属固体的导热系数值随着温度的升高而减小；大部分合金的导热系数值随着温度的升高而增大。

岩石的导热系数影响因素还包括岩石的含水率、组成结构密度等诸多因素。因此导热系数的影响因素是复杂多变的。

1. 流体温度对围岩导热系数的影响

本试验研究的是流固耦合条件下围岩的导热系数。裂隙岩体的热物理性能主要通过岩体的热传导来反映。试验模拟的情况是：单裂隙岩体条件下，流体温度对围岩导热系数的影响。研究表明，当多孔介质的固体颗粒相互之间非常紧密地接触且不移动时，多孔介质材料的温度不太高，且孔隙中的流体处于接近静止的状态时，可以不需要考虑对流换热、辐射换热和固体颗粒间的接触热阻，并且多孔介质中的传热过程主要是由热传导所控制。试验中所采用的试样为岩样试样，致密且温度变化不大，孔隙较小并且是层流水状态，因此可以近似地认为只是流体与岩石之间的温度梯度所引起的高温物体向低温物体的热传导。表3.3至表3.5为流固耦合状态下流量为2mL/min时温度对岩样导热系数的影响数据。

表3.3　　　　　　不同流体温度条件下a试件的导热系数

试验编号	流体温度/℃	导热系数/(W/(m·K))	比热容/(kJ/(kg·K))
岩c	无流体	2.7414	0.912
岩c-1	25	2.8228	0.881
岩c-2	30	2.9139	1.074
岩c-3	35	2.9802	1.135
岩c-4	40	3.0617	1.062
岩c-5	45	3.1529	1.216

表 3.4　　　　　　　　　不同流体温度条件下 b 试件的导热系数

试验编号	流体温度/℃	导热系数/(W/(m·K))	比热容/(kJ/(kg·K))
岩 a	无流体	2.8913	0.871
岩 a-1	25	2.9805	0.921
岩 a-2	30	3.0209	0.894
岩 a-3	35	3.1411	0.939
岩 a-4	40	3.2211	1.061
岩 a-5	45	3.3129	1.112

表 3.5　　　　　　　　　不同流体温度条件下 c 试件的导热系数

试验编号	流体温度/℃	导热系数/(W/(m·K))	比热容/(kJ/(kg·K))
岩 b	无流体	3.1101	0.831
岩 b-1	25	3.1909	0.924
岩 b-2	30	3.2813	0.873
岩 b-3	35	3.3722	0.962
岩 b-4	40	3.4406	1.211
岩 b-5	45	3.5256	1.185

　　依据三组试件的温度与导热系数的数据，绘制温度与导热系数关系曲线图，如图 3.6 所示。

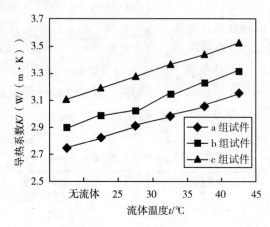

图 3.6　K-t 曲线图

　　从图 3.6 可以看出，在流固耦合状态下，三组试件的导热系数都比无流体经过时的导热系数大，即流固耦合围岩的导热系数要比常规条件无流体时的导热系数大，原因是通常情况下液相的导热系数要比气相的大，非流固耦合条件下裂隙的空间充满气体，而流固耦合状态下流体充满了气体所占的空间，所以流固耦合条件下的岩体导热系数要比非流固耦合导热系数大；此试验室内温度为 24 ~

30℃，当水温增加时，围岩的导热系数随着水温的升高呈线性增加。根据热力学中的第二定律，在一个封闭系统内，其内部的温度差将随着时间的推移而逐渐均一化，温度均一化的过程与热流从高温点向低温点的流动相伴而生，任何两点间的热流运动速率将随着温差的增大而加大。所以，当水温升高时，流体与岩石之间存在着温度差，温度梯度越大换热能力越强，所以导热性能越好，表现为水温增大时围岩的导热系数增大。根据流固耦合状态温度与导热系数的关系曲线走向趋势，可以将其近似地看成线性关系，利用 origin 软件拟合得到的近似曲线方程。

$$K = 2.8591 + 0.0918t$$

式中，K 为导热系数，单位为 W/（m·k），拟合误差为 0.09185；t 表示水流温度，单位为℃，拟合误差为 0.00282。

2. 流体流量对围岩导热系数的影响

流体力学将流体分为两种类型：层流流态和紊流流态。从水流内部结构看，层流的流层与流层间互不掺混，流体质点不会脱离自身所在的流层。紊流的特点是水流内部流层间水质点跃层交换，形成大小不等的涡体，使流层间相互掺混，并引发涡体的震荡、组合与分解。本试验中的流量尽管是不断变化的，但是由于流速的制约，流体始终处于层流流态。

温度不变的条件下，对三组试件做了流量对围岩导热系数的影响的试验，试验数据如表 3.6 至表 3.8 所列。

表 3.6　　　　　　　　不同流量条件下 a 组试件的导热系数

试验编号	流体流量/（mL/min）	导热系数/（W/（m·K））	比热容/（kJ/（kg·K））
岩 c	0	2.7414	0.912
岩 c-1	1	3.0516	0.7891
岩 c-2	1.5	3.3426	0.9356
岩 c-3	2	3.2495	1.2133
岩 c-4	2.5	3.1403	1.1312
岩 c-5	3	3.0509	1.2035

表 3.7　　　　　　　　不同流量条件下 b 组试件的导热系数

试验编号	流体流量/（mL/min）	导热系数/（W/（m·K））	比热容/（kJ/（kg·K））
岩 a	0	2.8913	0.8712
岩 a-1	1	3.1031	0.8963
岩 a-2	1.5	3.5128	0.9945
岩 a-3	2	3.4221	1.0389
岩 a-4	2.5	3.3079	1.1325
岩 a-5	3	3.2081	1.0986

表 3.8　　　　　　　　　　不同流量条件下 c 组试件的导热系数

试验编号	流体流量/(mL/min)	导热系数/(W/(m·K))	比热容/(kJ/(kg·K))
岩 b	0	3.1101	0.831
岩 b－1	1	3.4801	0.898
岩 b－2	1.5	3.7821	0.915
岩 b－3	2	3.6610	0.994
岩 b－4	2.5	3.5501	1.031
岩 b－5	3	3.4588	1.219

依据三组试件的流量与导热系数的变化数据，绘制的流量－导热系数曲线图，如图 3.7 所示。

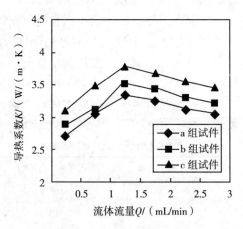

图 3.7　K-Q 曲线图

从图 3.7 中可以看出，当有流体经过时，流固耦合条件下围岩的导热系数要比常规条件下无流体经过时的导热系数大，这与前面的实验结果是一致的。当流量增大时，曲线走向先是上升，到 $Q=1.5\text{mL/min}$ 时开始下降，但始终比初始时的导热系数大。围岩的初始温度为 22.56℃，水的初始温度为 30℃，当温度开始升高时，流体将自身的热传递给围岩即岩样，所以这时围岩的导热系数是增大的，直至达到温度平衡状态。按照流体力学的研究观点，把流体看成不同的质点，体积一定的条件下，流量增大时有限的空间内质点增加，热交换就不充分，宏观上表现为导热性能降低、导热系数减小，即 K-Q 曲线图上所显示的当流量超过 1.5mL/min 时，围岩的导热系数下降。同样，流体温度一定的条件下，采用高斯拟合方程式（3.4）对流量与导热系数曲线进行拟合，得到式（3.5）。

$$y = y_0 + \frac{A}{w\sqrt{\frac{\pi}{2}}} e^{-2\left(\frac{x-xc}{w}\right)^2} \tag{3.4}$$

$$K = 2.7834 + \frac{1.82863}{2.07278\sqrt{\frac{\pi}{2}}} e^{-2\left(\frac{Q-1.90113}{2.07278}\right)^2} \tag{3.5}$$

式中，K 为围岩的导热系数，单位为 W/(m·K)，拟合误差为 0.00351；Q 为流体流量，单位为 mL/min，拟合误差为 0.000581。

第四章 单裂隙岩体的水 - 岩传热分析

随着对能源需求量的增加和开采强度的不断加大，浅部资源日渐减少，国内外矿山都相继进入深部开采状态。随着矿体的采出，受采动的影响，岩体不再等同于通常研究的固体介质，大多为多相的不连续介质，内部赋存着大量的孔隙、裂隙，使地下水在岩体裂隙中流动，构成了裂隙岩体的渗流场。同时，随着开采深度的增加，地下温度逐渐升高，裂隙岩体处于一定的高温环境中，形成了岩体的温度场。因此，岩体渗流场与温度场的耦合特性是裂隙岩体研究的主要问题。

岩体中温度场的分布是以传导和对流为主实现的，而对流则以地下流体的渗流运动为基础进行，因而岩体中渗流场与温度场的耦合作用表现在以下两个方面：① 当岩体中有渗流发生时，地下流体的渗流运动促成了岩体内热能以对流的方式发生转移，进而使岩体内温度场得以重新分布；② 岩体内温度场的变化导致地下流体赋存环境温度的相应变化，改变了岩体的热物理性能，通过岩体结构特征的变化影响了岩体的渗透性能及地下水的渗流特性，发生渗流场的改变。

第一节 岩体的结构性

岩体是地质体，它经历过多次反复的地质作用，形成一定的岩石成分，经受过变形，遭受过破坏，具有一定的结构，赋存于一定的地质环境中，在作为工程研究对象时被定义为岩体。它和岩石不同，是地质历史时期岩浆活动、沉积作用、变质作用等形成的，矿物本身又是由化学组分组成的。由于矿物成分、含量不同，构造成的自然界的岩体有成千上万种，地质学中从岩体成因上将其分为三大类：沉积岩、火成岩、变质岩。不同成因的岩体的内部结构是不完全一样的，即它的天然空隙性不同。

自然界的岩体，尤其是与人类工程活动相关的地壳表层岩体，在其形成以后，经历了漫长的地质历史时期，大都不同程度上遭受了多次构造运动、风化作用、溶蚀作用以及天然卸载等各种地质作用的改造，而且目前和以后，仍将继续发生各种变化。每次构造作用在岩体内部都会形成各种痕迹：褶皱、断层、裂隙等。岩体的物理力学性质以及它们的透水性很大程度上取决于构造作用的程度和次数。多次构造作用下，岩体内部的褶皱、断层、裂隙几经生成、重叠、复合，导致岩体的结构构造面相当复杂，自然也就使当今研究岩体地下水的介质性质变得错综复杂。但构造运动是有规律的，构造作用产生的痕迹自然也是有规律的，这些规律对于研究裂隙介质地下水是至关重要的。

岩体内存在的不同成因、不同特性的各种地质界面统称为结构面，如层面、节理、断层、裂隙等。结构面不是几何学上的面，而往往是具有一定张开度的裂缝，或被一定物质充填具有一定厚度的层或带。岩体的裂隙按地质成因分为原生裂隙、构造裂隙和次生裂隙三类。原生裂隙是岩体形成过程中形成的结构面，如岩浆岩体冷却收缩时形成的原生节理，变质岩体内的片理、片麻理和沉积岩的层面。构造裂隙是在岩体形成后地壳运动的过程中，在岩体内产生的各种破裂面，如断层、节理、劈理等。次生裂隙是在外营力作用下产生的风化裂隙和卸荷裂隙。按规模（主要是长度）可将结构面分为 5 级：几十至上百千米、十几千米、几千米、几米至几十米和厘米级。它们分级或共同控制着区域、地区、山体、岩体的稳定性和岩块的力学特性。按性质，结构面可分为硬性（刚性）结构面和软弱结构面。硬性结构面的摩擦系数较大，多数没有充填物。软弱结构面的摩擦系数相对较小，延伸较长，且普遍充填黏土、泥、岩石碎块等物质。按物质组成和微结构形态，软弱结构面分为原生软弱夹层、断层和层间错动破碎带、软弱泥化带（或夹层）等三种类型。某些充填泥质或黏土薄膜的大节理，也可构成软弱结构面。软弱结构面是岩体中最容易产生变形和破坏的部位。它常常成为危险的切割面、滑移面或构成有害的压缩变形带，导致岩体产生不允许的变形或失稳。因此，当工程岩体中存在软弱结构面时，除了要研究它们的几何形态、结合状况、空间分布和填充物质等方面外，还要特别注意对其物质组成、厚度、微观结构、在地下水作用下工程地质性质（潜蚀、软化）的变化趋势、受力条件和所处的工程部位，以及它们的力学性质指标等进行专门的试验研究，并对其对岩体稳定性的影响作出定量的分析评价，提出工程处理措施。

在长期的地质历史过程中，岩体中孕育了大量的断层、裂隙、节理，这些结构面使得岩体的力学特性和水力学特性异常复杂，不但具有非连续性、非均质性、各向异性和非弹性，还具有多尺度效应。由于岩体中结构面对岩体工程特性的控制作用，用任何一种方法分析岩体工程问题时，必须体现岩体的这些结构，只有这样才有可能比较准确地描述岩体的工程特性。因此，数值计算必须和岩体的结构特性相结合，才能有效地解决岩石力学和岩石工程问题。

根据野外观察到的事实、大量的岩体力学试验的成果，以及莫尔破坏理论的分析，岩体在改造过程中的破裂只有剪切破坏和拉裂破坏两种类型，按裂隙面的力学成因分为剪性和张性两大类。张性破裂面由张性应力形成，在破坏过程中，破坏面两侧岩体仅沿着破裂面法线方向发生分离位移。张性破裂，一般张开度大、连续性差、形态不规则，多呈折线或锯齿状，常见分支分叉现象，断面凹凸不平，粗糙度大。张性破裂面破碎带宽度大，破碎带的宽度变化亦大，构造岩多为质地疏松的角砾岩，角砾呈棱角状，大小悬殊，分布杂乱，漫无定向。破碎带易被岩脉、矿脉充填，有时并有岩浆沿之侵入。这类张性破裂面常具有含水丰富、导水性强的特征，是地下水运动的最主要通道。剪性破裂面由剪应力形成，破裂面两侧岩体沿破裂面切线方向发生不同程度的滑错位移。剪性破裂面是岩体中发育最广泛、最复杂的结构面，它具有擦痕、共轭性、位移方向性、断面光滑等共同特征，是控制岩体地下水运动最主要的结构面之一。

裂隙的存在使得裂隙岩体具有强烈的非均质各向异性特征，为了将裂隙岩体应用于数值计算，建立裂隙岩体数学模型是常用的手段。刘晓丽、张春会等针对裂隙岩体，考虑岩体裂隙几何形态（走向、倾角、迹长、间距、隙宽等）的随机性，利用 Monte Carlo 模拟技术，编制了二维和三维裂隙网络生成程序 RFNM（Rock Fracture Network Modeling）。利用 RFNM 不但能够生成可以描述和表征岩体及其裂隙结构信息的裂隙网络岩体，还能够将生成的裂隙网络岩体进行数值离散化，从而可以直接和多种数值计算方法（有限元法、离散元法等）结合来解决实际工程问题。RFNM 生成的裂隙网络模型实现了对每条裂隙的精确定位，能够结合实际工程现场调查研究每条裂隙的工程特性演化规律。

目前，对于裂隙岩体温度场数学模型的研究可分为等效连续介质模型和离散裂隙网络介质模型。

（1）等效连续介质模型

对于岩体中裂隙分布相对比较密集、表征单元体比较小的情况，可将裂隙岩体看做等效连续介质，即认为岩体中的地下水和岩石骨架同时存在于整个岩体空间，因此就可以借用连续性介质中的热传导理论来建立等效连续介质热量运移数学模型。

（2）离散裂隙网络介质模型

当裂隙分布比较稀疏，而且岩体中的渗流主要取决于大的断裂时，则应该采用裂隙网络系统，即认为裂隙岩体是含流体的裂隙介质，其中岩块部分为固体骨架，固体骨架以外的部分称为裂隙空间，裂隙空间的许多裂隙应当是相互连通的。裂隙介质中的流体可以液相或气相存在于裂隙空间中，因此，需要分别建立水流的热量运移方程和固体骨架（岩块）的热量运移方程，然后再考虑其二者在接触面上的热量交换。

第二节　单裂隙水流瞬态温度场理论分析

岩体是一种非连续介质，岩体内充满着诸如节理、裂隙、断层、接触带、剪切带等各种各样的不连续面，不连续面的存在为地下水的运动提供了场所。裂隙中流体的流动或静止、流速的高低、流体的相态与组分及物性各不相同；裂隙岩体的性质、传热特性及张开度各不相同；流体与固体的温度高低各不相同。因此，水-岩热交换过程十分复杂，就不同介质间的热量传递来说，水-岩热交换过程包含以下各种模式。

①岩体骨架内部之间的热传导过程。

②流体之间的导热和对流换热过程。

③流体与岩体耦合界面处的对流换热过程。

热传导是热量的弥散过程，与岩体比热容、热传导系数等热物理参数有关。比热容越大、热传导系数小，越不利于热量在介质间的传导。在存在地下水运动的岩层中，除固体岩块导热外还同时伴随因地下水流动而产生的对流传热，形成导热和对流并存的温度场，即导热-对流型温度场。

导热-对流型温度场的温度曲线是"上凸"或"下凹"的，前者对应垂直向上的地下水流，后者反之。据此可以判断和识别垂向地下水流向。对于这种温度场而言，不同的垂向流速对应着不同的曲线形状。一般来说，流速越大，曲线的曲率也就越大，温度曲线越偏离理论地温度曲线。

对流的传热能力远大于热传导，且地下水的热容较大。因此，地下水的运移是地温场演化的主要影响因素，地温场的变化是地质体渗流特性的间接表征。温度场和渗流场作为地质体的两个主要环境量，它们是相互影响的。两者的耦合过程实际上是一个热能和流体在介质中动态调整变化的过程，任何一种温度场和渗流场因素的不稳定均会导致其他因素的变化。一方面，从物理过程来看，热能通过介质的接触进行热交换，而渗流流体则因存在势能差在裂隙中进行扩散和流动，同时流体作为热能传播的媒介，在介质中携带热能沿运动迹线进行交换和扩散；另一方面，从理化过程来看，热能的变化导致介质温度的变化，从而影响介质和流体本身的理化特性，主要表现为介质和流体体积效应的改变，以及流体流动特性参数的改变等。因此，渗流和温度相互影响的过程实际上包括了能量平衡和耗散过程，以及媒介物质发生理化反应等过程。而单裂隙作为岩体裂隙系统的最基本单元，对单裂隙岩体渗流-温度相互作用关系的研究，有利于非连续性裂隙岩体渗流与温度相互作用关系的研究，为复杂裂隙岩体的渗流温度耦合研究打下基础。

裂隙岩体大多数为多相的不连续介质，不可避免地存在许多尺度、方向、性质各异的裂隙。岩体内充满着诸如节理、裂隙、断层、接触带、剪切带等各种各样的不连续面。如果将岩体一概视为连续介质来研究复杂的地质问题，可能会产生料想不到的后果，这对于防治煤矿灾害和指导工程实践是不利的。基于裂隙网络非连续介质的渗流场与温度场耦合研究是裂隙岩体渗流-温度耦合研究的一部分，它反映的是非连续裂隙网络岩体中水-岩-热之间的相互作用关系。它是水工建筑物稳定性、石油开采、矿井突水防治、核废料地下处置、地下污染物运移及高温地热开发等的基础性理论研究，具有重要的理论和工程意义。单裂隙是岩体裂隙系统的最基本单元，对单裂隙水流瞬态温度影响的研究，可以揭示裂隙水流温度随时间的变化规律，为复杂的裂隙水流温度场的研究提供理论参考，有利于裂隙水流温度场的进一步研究，有利于非连续性裂隙岩体渗流与温度相互作用关系的研究。

1. 单裂隙渗流概念模型

由于裂隙的导水能力通常比其周围岩石基质大几个数量级，因此，裂隙的存在极大地影响着裂隙岩体的渗流场和温度场，而单裂隙水流运动规律是研究裂隙岩体渗流的起点和基石，如图 4.1 和图 4.2 所示。

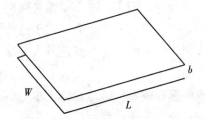

图 4.1　光滑的平行板裂隙图　　　　图 4.2　粗糙的裂隙模型

众所周知，单裂隙中的渗流通常可以用立方定律来预测，首先把岩体裂隙简化为平行板之间的裂缝。假设水流服从达西定律，根据单相、无紊乱、黏性不可压缩介质的纳维尔-斯托克斯（Navier-Stokes，简称 N-S）方程，得出这种理想状态下的水流公式

$$v = K_f J_f$$

$$K_f = \frac{gb^2}{12\mu}$$

式中，v 为平均水流速度；K_f 为裂隙渗透系数；J_f 为裂隙内的水流梯度；b 为裂隙宽度；μ 为水的运动黏滞系数。

上两式反映了单裂隙中水流呈层流时的渗流规律，这样通过裂隙面的单宽流量为

$$q = \frac{gb^3}{12\mu} J_f$$

这就是著名的裂隙水流的立方定律。它说明裂隙面上的单宽流量与裂隙隙宽的立方成正比，立方定律是岩体裂隙渗流的基本理论。

2. 单裂隙渗流、温度控制方程

描述单裂隙渗流最常用的数学模型是立方定律，如果要模拟稍微复杂的几何形状的单裂隙内的渗流及渗流对温度分布的影响，则需要使用 N-S 方程在某种条件下的简化形式，建立描述地下水流动状态、水流流动中温度分布的基本方程。根据流动流体的相关理论及质量、动量、能量三大守恒定律，得出描述裂隙岩体中地下水流动状态、水流流动中温度分布的基本方程。

连续性微分方程

$$\frac{\partial \rho}{\partial t} + \frac{\partial (\rho u_x)}{\partial x} + \frac{\partial (\rho u_y)}{\partial y} + \frac{\partial (\rho u_z)}{\partial z} = 0 \qquad (4.1)$$

动量微分方程

$$\frac{\partial u_x}{\partial t} + u_x \frac{\partial u_x}{\partial x} + u_y \frac{\partial u_x}{\partial y} + u_z \frac{\partial u_x}{\partial z} = F_x - \frac{1}{\rho} \frac{\partial \rho}{\partial x} + \mu \left(\frac{\partial^2 u_x}{\partial x^2} + \frac{\partial^2 u_x}{\partial y^2} + \frac{\partial^2 u_x}{\partial z^2} \right) \qquad (4.2)$$

$$\frac{\partial u_y}{\partial t} + u_x \frac{\partial u_y}{\partial x} + u_y \frac{\partial u_y}{\partial y} + u_z \frac{\partial u_y}{\partial z} = F_y - \frac{1}{\rho} \frac{\partial \rho}{\partial y} + \mu \left(\frac{\partial^2 u_y}{\partial x^2} + \frac{\partial^2 u_y}{\partial y^2} + \frac{\partial^2 u_y}{\partial z^2} \right) \qquad (4.3)$$

$$\frac{\partial u_z}{\partial t} + u_x \frac{\partial u_z}{\partial x} + u_y \frac{\partial u_z}{\partial y} + u_z \frac{\partial u_z}{\partial z} = F_z - \frac{1}{\rho} \frac{\partial \rho}{\partial z} + \mu \left(\frac{\partial^2 u_z}{\partial x^2} + \frac{\partial^2 u_z}{\partial y^2} + \frac{\partial^2 u_z}{\partial z^2} \right) \qquad (4.4)$$

能量微分方程

$$\frac{\partial T}{\partial t} + u_x \frac{\partial T}{\partial x} + u_y \frac{\partial T}{\partial y} + u_z \frac{\partial T}{\partial z} = \frac{\lambda}{\rho c_p} \left(\frac{\partial^2 T}{\partial x^2} + \frac{\partial^2 T}{\partial y^2} + \frac{\partial^2 T}{\partial z^2} \right) + Q_T \qquad (4.5)$$

以上各式中 u_x，u_y，u_z 为水流在 x，y，z 方向上的速度；T 表示温度；μ 为水流运动黏滞系数；λ 为水流的热导率；c_p 为比定压热容；Q_T 为内热源项。

式(4.2)至式(4.4)为纳维尔-斯托克斯方程，式中 $\frac{\partial u_x}{\partial t}$，$\frac{\partial u_y}{\partial t}$，$\frac{\partial u_z}{\partial t}$ 是水流中某一点的速度随时间的变化，即表示速度的局部变化，方程右边的其他三项表示水流从一点转移到另一点时速度的变化；式(4.5)描述了裂隙内水流的温度分布，其中 $\frac{\partial T}{\partial t}$ 是水流中某一点的温度随时间的变化，也就是水流温度的局部变化；$u_x \frac{\partial T}{\partial x} + u_y \frac{\partial T}{\partial y} + u_z \frac{\partial T}{\partial z}$ 是指水流从一点转移到另一点时温度的变化，也就是温度 T 的对流变化。

以上几个方程均为非线性偏微分方程，在如粗糙裂隙这样的复杂几何形状下是很难求解的，因此，在实际应用中常对方程进行简化。

① 如果流体流动速度较慢，则裂隙中的惯性力是相当小的，假定裂隙内的惯性力与黏滞力和压力相比可以忽略，N-S 方程简化为

$$\frac{\partial u_x}{\partial t} = F_x - \frac{1}{\rho} \frac{\partial p}{\partial x} + \mu \left(\frac{\partial^2 u_x}{\partial x^2} + \frac{\partial^2 u_x}{\partial y^2} + \frac{\partial^2 u_x}{\partial z^2} \right)$$

$$\frac{\partial u_y}{\partial t} = F_y - \frac{1}{\rho}\frac{\partial p}{\partial y} + \mu\left(\frac{\partial^2 u_y}{\partial x^2} + \frac{\partial^2 u_y}{\partial y^2} + \frac{\partial^2 u_y}{\partial z^2}\right)$$

$$\frac{\partial u_z}{\partial t} = F_z - \frac{1}{\rho}\frac{\partial p}{\partial z} + \mu\left(\frac{\partial^2 u_z}{\partial x^2} + \frac{\partial^2 u_z}{\partial y^2} + \frac{\partial^2 u_z}{\partial z^2}\right)$$

称为斯托克斯方程或蠕流方程。此时要求惯性项必须被证明是可以忽略的。流体的惯性力对黏滞力的相对强度可以用雷诺数来表示。单裂隙渗流雷诺数可以定义为

$$Re = \frac{\rho l_v U_1}{\mu} = \frac{\rho <b> Q}{\mu <b> W} = \frac{\rho Q}{\mu W}$$

式中，l_v 为黏滞力的特征长度；U_1 是惯性力的特征速度。

l_v 可以定义为平均裂隙开度 $<b>$，U_1 可以定义为通过裂隙的渗流量 Q 在单位面积（$<b>W$）上的值，光滑平行板间渗流的试验观测显示，标志着紊流阶段的开始和在渗流场惯性力处于主导地位的临界雷诺数约为1200。考虑到近地表水力梯度的通常取值范围，天然裂隙中的 Re 值为 $1 \sim 10$ 时，惯性力虽然不处于主导地位，但却是显著的。因此，在一些情况下仍需考虑惯性力的影响，这可以通过将其定量化来实现。

② N-S 方程和斯托克斯方程均是三维的渗流描述方程，考虑到裂隙渗流的特点，其第三个维度比其余两个维度的尺度小得多，因此，一些学者假定粗糙裂隙中的三维渗流近似为二维，这样控制方程就变成 Reynods 方程。假定裂隙壁近似垂直于 z 轴，并假定裂隙开度的变化是平缓的，则垂直裂隙的流速近似等于零，即 u_z 等于零，这样流场中的黏滞力将主要受平行于裂隙壁的剪切力的支配，此时方程可化为

$$\frac{\partial u_x}{\partial t} = F_x - \frac{1}{\rho}\frac{\partial p}{\partial x} + \mu\frac{\partial^2 u_x}{\partial z^2}$$

$$\frac{\partial u_y}{\partial t} = F_y - \frac{1}{\rho}\frac{\partial p}{\partial y} + \mu\frac{\partial^2 u_y}{\partial z^2}$$

$$\frac{\partial u_z}{\partial t} = F_z - \frac{1}{\rho}\frac{\partial p}{\partial z}$$

由于 u_z 等于零，即渗流速度的方向平行于裂隙平面。由于流体在裂隙壁处是非滑移的，所以裂隙壁处的速度为零，根据此条件，得到

$$u_x = -\frac{b^2\gamma}{12\mu}\frac{\partial H}{\partial x}$$

$$u_y = -\frac{b^2\gamma}{12\mu}\frac{\partial H}{\partial y}$$

$$\frac{\partial(bu_x)}{\partial x} + \frac{\partial(bu_x)}{\partial y} = 0$$

$$\frac{\partial(bu_y)}{\partial x}+\frac{\partial(bu_y)}{\partial y}=0$$

式中，u_x，u_y 为平均速度；b 为垂直于裂隙面的局部开度；H 为平均水头。

上面 4 式可以合并为

$$\frac{\partial}{\partial x}\left(\frac{b^3\gamma}{12\mu}\frac{\partial H}{\partial x}\right)+\frac{\partial}{\partial y}\left(\frac{b^3\gamma}{12\mu}\frac{\partial H}{\partial x}\right)=0 \qquad (4.6)$$

$$\frac{\partial}{\partial x}\left(\frac{b^3\gamma}{12\mu}\frac{\partial H}{\partial y}\right)+\frac{\partial}{\partial y}\left(\frac{b^3\gamma}{12\mu}\frac{\partial H}{\partial y}\right)=0 \qquad (4.7)$$

根据公式(4.7)，流体流过小片的或局部的裂隙空间的流量与局部开度的立方成比例，即认为立方定律被假定在局部是正确的。其等价于在润滑水动力学领域使用的 Reynods 方程的简化形式，表现了在裂隙空间的离散片段内渗流的局部力和质量的守恒，如果裂隙面的波动程度较高，式(4.6)和式(4.7)可由局部正交坐标改写。

③ 最简单的情况就是假设裂隙具有常开度，即认为裂隙的中心面是平面，裂隙开度的变化相对于平均值是可以忽略的，这样裂隙被概化为一对平行板。假定平行板裂隙的形状为矩形，其两个相对边界分别为流入、流出边界，另两个边界为不透水边界，则裂隙内的渗流场为一维，得到

$$u=\frac{b^2\gamma}{12\mu}\frac{H_1-H_0}{L}$$

式中，u 为平均一维流速；b 为裂隙的常数开度；H_1 和 H_0 分别为裂隙的流入和流出边界上的水头值；$\dfrac{H_1-H_0}{L}$ 为施加在整个裂隙上的水力梯度。将平均速度乘以裂隙的开度和宽度就可以得到单位时间内通过裂隙的总流量为

$$Q=\frac{b^3\gamma W}{12\mu}\frac{H_1-H_0}{L}$$

这就是平行板间渗流的立方定律，立方定律是一个简单的线性流定律，预测流量与裂隙开度的立方成正比，这已经得到了 Lomize，Romm 和 Louis 等的实验验证。这些实验使用从 1cm 到 1μm 变化的光滑平行板为模型，并以值小于临界值 1200 为前提。Romm 通过对微裂隙和极限裂隙的研究，提出只要裂隙大于 0.2μm，立方定律总是成立的。

此时只考虑 v 为平均二维流速，则连续性微分方程和能量方程可化为

$$\frac{\partial\rho}{\partial t}+\frac{\partial(\rho u_x)}{\partial x}+\frac{\partial(\rho u_y)}{\partial y}=0$$

$$\frac{\partial T}{\partial t}+u_x\frac{\partial T}{\partial x}+u_y\frac{\partial T}{\partial y}=\frac{\lambda}{\rho c_p}\left(\frac{\partial^2 T}{\partial x^2}+\frac{\partial^2 T}{\partial y^2}\right)+Q_T$$

3. 单裂隙渗流模型

地下的天然岩体大多数为多相不连续介质，岩体内充满着节理、裂隙、断层等，为研究问题的需要，模型假定如下。

① 忽略岩体本身的渗透性，地下水仅在裂隙内流动，把裂隙岩体按非连续介质来处理。

② 假设岩体内存在一单裂隙，可把该裂隙看做平行板状窄缝，裂缝宽度不变，隙面光滑且无限延伸，裂隙长度远远大于隙宽。

③ 裂隙内水流为稳定二维定层流、常物性、无内热源、不可压缩牛顿性流体。

④ 质量力只有重力，地下水只沿着 x 方向流动，水流的温度随时间的变化而变化。

建立描述地下水流在岩体单裂隙内平行流动的平行板裂隙模型（见图 4.3），L 表示裂隙长度，$2b$ 表示裂隙宽度，$L \gg 2b$；T_w 为边界 $x = 0$ 处的地下水流温度，T_m 为岩体壁面温度，岩体的初始温度 T_{m0} 数大于地下水流的初始温度 T_{w0}。由于水流的黏性，水流的速度分布近似抛物线的形状。水流通过热量传递，使地下水流的温度分布发生变化。此模型具有代表性，可以表征整个平行裂隙模型的渗流场和温度场的分布。

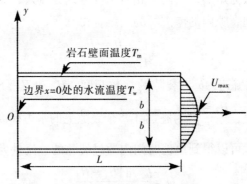

图 4.3　单裂隙水流模型

根据流体力学基本理论，将方程(4.1)至方程(4.4)进行组合，考虑到单裂隙水流的边界条件

$$u_x \big|_{y=b} = 0$$

经过求解可得到平板裂隙中水流沿 x 方向流动时流速函数的分布公式

$$u_x = -\frac{1}{2\mu} \frac{\mathrm{d}p}{\mathrm{d}x} (b^2 - y^2) \tag{4.8}$$

式中，μ 为水流动力黏滞系数，$\mu = \rho v$；$\mathrm{d}p/\mathrm{d}x$ 为水流压力梯度。

式(4.8)作为裂隙渗流的速度场公式，集中反映了单裂隙内水流沿 x 方向流动的速度分布，反映单裂隙中水流呈层流时的运动规律。若对式(4.8)进一步推导，则可以得到著名的裂隙水流立方定律，因此该式具有普遍意义。

由式(4.8)可以看出，基于假定条件下水流速度场的分布和温度场没有关系，这就意味着，在上述假定条件下，无论水流的温度是高于、等于还是低于岩体的温度，裂隙内水流的速度场是相同的，但这并不代表温度场与速度场没有任何关系。

4. 瞬态温度场分布

(1) 耦合基本方程

随着裂隙中水流的流动，水流的温度也随时间发生变化。

由基本假设可知

$$u_z \frac{\partial T}{\partial z} = 0, \quad \frac{\partial^2 T}{\partial z^2} = 0, \quad Q_T = 0$$

则式(4.5)可简化为

$$\frac{\partial T}{\partial t} + u_x \frac{\partial T}{\partial x} + u_y \frac{\partial T}{\partial y} = \frac{\lambda}{\rho c_p} \left(\frac{\partial^2 T}{\partial x^2} + \frac{\partial^2 T}{\partial y^2} \right)$$

根据单裂隙水流模型及基本假定，得到简化后的渗流场影响下的温度场数学模型

$$\left.\begin{array}{l}
\dfrac{\partial T}{\partial t} + u_x \dfrac{\partial T}{\partial x} + u_y \dfrac{\partial T}{\partial y} = \dfrac{\lambda}{\rho c_p} \left(\dfrac{\partial^2 T}{\partial x^2} + \dfrac{\partial^2 T}{\partial y^2} \right) \\[3mm]
\dfrac{\partial u_x}{\partial t} + u_x \dfrac{\partial u_x}{\partial x} + u_y \dfrac{\partial u_x}{\partial y} = F_x - \dfrac{1}{\rho} \dfrac{\partial p}{\partial x} + \mu \left(\dfrac{\partial^2 u_x}{\partial x^2} + \dfrac{\partial^2 u_x}{\partial y^2} \right) \\[3mm]
\dfrac{\partial u_y}{\partial t} + u_x \dfrac{\partial u_y}{\partial x} + u_y \dfrac{\partial u_y}{\partial y} = F_y - \dfrac{1}{\rho} \dfrac{\partial p}{\partial y} + \mu \left(\dfrac{\partial^2 u_y}{\partial x^2} + \dfrac{\partial^2 u_y}{\partial y^2} \right) \\[3mm]
\dfrac{\partial u_x}{\partial x} + \dfrac{\partial u_y}{\partial y} = 0
\end{array}\right\} \quad (4.9)$$

由于质量力只有重力，所以 $F_x = 0$；水流流动为层流，重力同黏性力相比较可以忽略，即 $F_y = 0$；由于地下水只沿着 x 方向流动，即 $u_y = 0$，于是式 (4.9) 可简化为

$$\left\{\begin{array}{l}
\dfrac{\partial T}{\partial t} + u_x \dfrac{\partial T}{\partial x} = \dfrac{\lambda}{\rho c_p} \left(\dfrac{\partial^2 T}{\partial x^2} + \dfrac{\partial^2 T}{\partial y^2} \right) \\[3mm]
\dfrac{\partial u_x}{\partial t} = -\dfrac{1}{\rho} \dfrac{\partial p}{\partial x} + \mu \dfrac{\partial^2 u_x}{\partial y^2} \\[3mm]
-\dfrac{1}{\rho} \dfrac{\partial p}{\partial y} = 0 \\[3mm]
\dfrac{\partial u_x}{\partial x} = 0
\end{array}\right.$$

(2) 边界条件及基本参数

平行板裂隙渗流的特点及基本假定如下。

① 传热边界。选取上、下边界岩石的壁面温度 $T_m = 40℃$，$x = 0$ 处地下水流温度 $T_w = 20℃$，由于地下水流在流动方向传递热量，因此，在 $x = L$ 处选取对流热量边界，热量继续沿着 x 方向传递。

② 渗流边界。左右相对边界分别选取为流入、流出边界，上、下两个边界为不透水边界。

③ 计算参数。研究区域选定为 $5mm \times 40mm$，即裂隙常开度 $b = 2.5mm$，裂隙长度 $L = 40mm$，地下水流密度 $\rho = 1000kg/m^3$，水流运动黏滞系数 $\mu = 0.001$ $Pa \cdot s$，水流的导热系数 $\lambda = 0.6W/(m \cdot K)$，比定压热容 $c_p = 4200J/(kg \cdot K)$。

（3）数值模拟

根据边界条件及计算参数，运用数值有限元软件进行瞬态温度场模拟。其模拟结果如图 4.4 和图 4.5 所示。

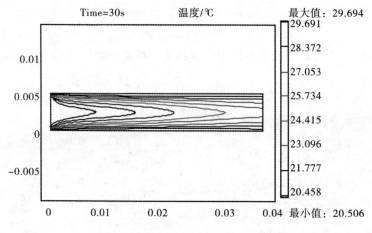

（a）$t = 30s$，$v = 0.001m/s$ 时的温度等值线

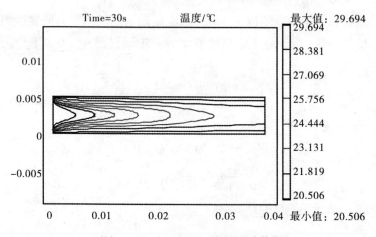

（b）$t = 30s$，$v = 0.002m/s$ 时的温度等值线

图 4.4　单裂隙水流的温度场分布

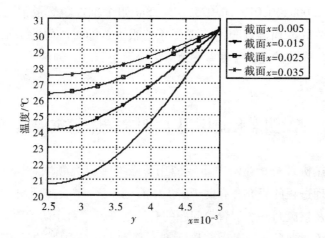

（a）$t = 5 \sim 30s$ 时，$y = 0.0025$ 截面温度变化图

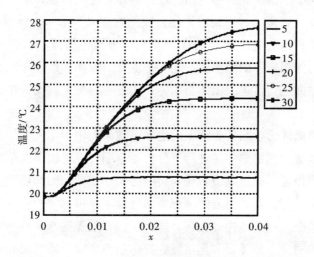

（b）$t = 30s$ 时，x 各截面温度变化图

图 4.5　单裂隙水流各截面温度变化图

（4）数值模型结果与分析

通过对单裂隙渗流模型有限元数值模拟，其模拟结果分析如下。

① 裂隙内水流渗透速度的变化将影响温度场的分布。渗透速度增大，热质迁移随之增大，在与围岩进行热交换达到平衡状态时，裂隙内部温度场的分布变化增大。

② 由于岩体壁面的温度高于裂隙水流的温度，热交换使 x 方向的温度随着时间的变化逐渐升高；随着时间的增加，在 $x = L$ 处，水流的温度近似于岩体的温度，达到热平衡状态。

③ 从 $x = 0.005$，0.015，0.025，0.035m 四个剖面位置的温度变化情况来看，初始时岩体的壁面温度与水流温度相差很大，随着时间的增加和热量的传递，水流温度与岩体的壁面温度差逐渐减少，沿裂隙水流的流动方向，温度等值线变化率逐渐减小。

第三节　单裂隙水流作用下裂隙岩体稳定温度场分析

水－岩传热机理分析是有着重要应用背景的新研究领域。加强裂隙岩体中水－岩传热机理过程的研究，有助于岩层中石油、天然气、地下水开采，地热资源的开发，以及核废料深层埋置等问题的有效处理，这对于防治煤矿灾害和指导工程实践是至关重要的。此外，我国大型水利水电工程所处的河流、峡谷区域，同样也存在着地下水温度异常的问题，较好地处理这些问题，对于水利水电工程安全建设具有重要意义。对于裂隙岩体，裂隙的交叉贯通形成流体的流动空间，一旦有地下水的侵入，地下水将会在裂隙空间中产生渗流。当裂隙中发生渗流时，渗透水流与周围岩体的温差以及地下水本身的流动必然伴随着热量运移。热量通过液固接触面进行传递，流体与固体岩块之间将发生对流换热，从而影响岩体温度场的分布。

陈兴周等将流体力学与传热学中的边界层理论应用于水－岩传热研究，并对单一裂隙面与水流之间的热传递进行了分析。赵阳升等提出了由基质岩块和裂缝组成的块裂介质模型，通过基质岩块与裂缝之间相互作用的均衡关系建立了固－流－热耦合数学模型，对高温岩体地热资源进行了模拟与评价；赵坚等通过加热岩石和迫使水流在岩石裂隙内部循环，进行了岩石裂隙的水－热特性试验；周志芳等建立了在热对流、热传导和热机械弥散作用下研究介质骨架和水热量交换的数学模型，并对河流、峡谷地下水温度场进行了模拟分析。

1. 裂隙岩体的渗透特性

裂隙岩体的特点是岩体内存在大量的节理、裂隙，而且节理、裂隙往往成组展布。这些节理裂隙的规模不大，小到几厘米，大至几米，单节理裂隙的存在大大改变了岩体的力学性质，使得岩体的变形模量和强度参数降低，并呈现各向异性。概括而言，岩体的渗流特征主要表现为不均匀性、各向异性等。

（1）岩体渗流通道的复杂性

地下水是储存并运动于岩石裂隙结构面中的。由于这些裂隙大小、形状和连通程度的变化，岩体的渗流通道是十分复杂的。对于裂隙为主的等效连续介质，关键是通过现场地质调查，弄清岩体内各类裂隙节理的特征及组合关系。

对于准多孔介质，人们在研究岩体渗流规律时，并不去研究每个实际通道中水流的运动特点，而是研究岩体内平均水流通道中的渗流规律。这种研究方法的实质是用概化水流来代替仅仅在岩体裂隙中运动的真实水流。采用概化水流代替真实水流的条件是：概化水流通过任意断面的流量及所具有的水头必须和真实水流相等，同时，还要求概化水流所受到的阻力必须等于真实水流所受的阻力。

值得指出的是，岩体概化水流的流速与真实水流的流速可能差异很大。例如：设岩体中沿某一方向上有一组裂隙，其平均开度 $b = 0.01\text{mm}$，该组裂隙的间距 λ 为 0.5m，则在 $15℃$ 时裂隙面的渗透系数

$$k_{\text{f}} = \frac{gb^3}{12\mu} = 7.2 \times 10^{-3}\text{cm/s}$$

相应地将裂隙内的水流平均分配到岩体，就可以求得岩体的渗透系数为

$$k_{\text{m}} = \lambda^{-1} b k_{\text{f}} = 1.44 \times 10^{-7}\text{cm/s}$$

由于裂隙面实际过水面积远小于裂隙面积，因此，裂隙内的实际渗流速度比计算得到的 $7.2 \times 10^{-3}\text{cm/s}$ 还要大。岩体与裂隙面相比，当水头坡降为 1 时，岩体渗流的概化流速比裂隙的渗流速度要小近 5 个数量级。在实际工程中进行渗流稳定性分析时，这种差别对岩体稳定的影响是不可忽视的。

（2）岩体渗流的不均匀性

岩体渗流的不均匀性主要是由于岩性差异造成的，除了岩性之外，主要是裂隙面发育程度的差异。岩体渗流的不均匀性通常表现为分带性和成层性。譬如，河谷岩体的渗流从岸边坡向坡内常出现明显的分带性。究其原因，一是与河谷岩体的应力分带特征有关，应力松弛带内的岩体渗透性远小于应力增高带内的岩体渗透性；二是靠近岸边坡面的岩体风化程度高，卸荷裂隙比较发育，其渗透性一般都强于风化程度低、卸荷裂隙不发育的岩体的渗透性。

在沉积岩地区，岩体渗流的成层性一般比较明显，在岩溶发育的地区，这种成层性就更加明显。渗流成层性的存在，使得地下水往往具有承压性质。工程实践表明，即使渗流的成层性不很明显，岩体的渗透系数随深度的增加而降低的规律总是存在的。据此，Louis 于 1974 年将岩体的渗透系数表达为

$$K = k_{\text{s}} \exp(-Ah)$$

式中，k_{s} 为岩体表部渗透系数；K 为深部为 h 处的岩体渗透系数；A 为渗透系数的梯度。

（3）岩体渗流的各向异性

对于以裂隙为主的等效连续介质，岩体渗流表现出强烈的各向异性。裂隙面（或不连续面）的成组性及在空间展布的不均匀性是造成渗流各向异性的主要因素。通常，在节理裂隙密集展布的方向上，岩体的渗透性占主导优势。在沉积岩地区，垂直层面方向的渗透系数与层面方向的渗透系数往往有较大差异。当渗流

出现各向异性时，常用渗透张量表征岩体的渗透性。Snow 于 1965 年推导了无限延伸 m 组不连续面岩体的渗透张量，其表达式为

$$K_{ij} = \frac{g}{12\mu} \sum_{i=1}^{m} \frac{b_e(k)}{\lambda(k)} [\delta_{ij} - n_i(k) n_j(k)]$$

式中，$b_e(k)$ 为第 k 组不连续面的等效水力开度；$\lambda(k)$ 为第 k 组裂隙面的间距；$n_i(k)$ 为第 k 组裂隙面的法线方向；$n_j(k)$ 为第 k 组裂隙面的切向方向。对 K_{ij} 进行坐标变换可以求出三个渗透主值及渗透方向。

2. 水流作用下裂隙岩体的温度场模拟

（1）几何模型

为研究问题的需要，现假定模型如下。

① 忽略岩体本身的渗透性，即假定水流只在裂隙中流动，把裂隙岩体按非连续介质处理；

② 假定为单裂隙岩体，裂隙为平行状窄缝，隙面光滑且无限延伸，裂隙长度远大于裂宽；

③ 裂隙内水流为稳定层流、常物性、无内热源、不可压缩牛顿性水流，水流温度为稳定温度场；

④ 岩体中的热量仅以热传导形式传递，忽略热对流和热辐射的影响。

基于以上假定，建立如图 4.6 所示的几何模型。

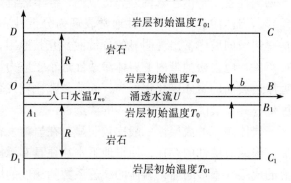

图 4.6 裂隙岩体几何模型

（2）岩体的温度场控制方程

由于忽略岩体本身的渗透性，渗透水流与岩体原始温度并不总相等，在水岩交界面会发生对流换热，使得无穷远处的温度与初始岩层温度分布相同。根据传热学理论，岩体的导热微分方程揭示了连续岩体内的温度分布与空间坐标和时间坐标的内在联系，使上述导热问题求解成为可能。描述岩体二维稳定温度场的热传导方程

$$\alpha \nabla^2 t + \frac{q_V}{\rho c} = 0 \tag{4.10}$$

式中，∇^2 为拉普拉斯运算符；t 为岩体的温度，℃；q_v 为单位时间内单位体积放出的热量，W/m³；c 为比热容，kJ/(kg·℃)；ρ 为岩体的密度，kg/m³；$\alpha = \lambda \cdot (\rho c)^{-1}$ 为热扩散率，m²/s。

基于裂隙岩体几何模型，岩体的内部无内热源，式（4.10）可简化为

$$\nabla^2 t = \frac{\partial^2 t}{\partial x^2} + \frac{\partial^2 t}{\partial y^2} = 0$$

（3）定界条件

对岩体温度场完整的数学描述包括其导热方程和相应的定解条件。定解条件包括初始条件和边界条件，在岩体稳态导热时，岩体内的温度分布不随时间变化，此时初始条件没有意义，针对所讨论的问题，给出描述所研究岩体边界处的温度或表面传热情况的边界条件如下。

① 第一类边界条件

$$t \big|_{R_1(x,y)} = t_0$$

② 第二类边界条件

$$\lambda \frac{\partial t}{\partial n} \bigg|_{S_2(x,y)} = q$$

第一类边界条件称为给定温度边界，是强制边界条件；第二类边界条件称为给定热流边界，是自然边界条件，当 $q = 0$ 时，就是绝热边界条件。

（4）岩体热传导方程的离散

对二维稳定导热方程(4.10)在区域 R 内应用加权余量的 Galerkin 方法得

$$\iint_R W_i \left(\frac{\partial^2 t}{\partial x^2} + \frac{\partial^2 t}{\partial y^2} \right) dx dy = 0$$

取权函数 W_i 等于形函数 N_i，并进行分部积分

$$\iint_R W_i \left(\frac{\partial t}{\partial x} \frac{\partial N_i}{\partial x} + \frac{\partial t}{\partial y} \frac{\partial N_i}{\partial y} \right) dx dy - \int_s \frac{\partial t}{\partial n} N_i ds = 0 \qquad (4.11)$$

将空间域离散为有限个单元体，单元内各点的温度可以近似地用单元的节点温度插值得到

$$t = \sum_{i=1}^{n_e} N_i(x_i, y_j)\, g t_i = [N] \{t\}^e \qquad (4.12)$$

式中，t_i 为节点温度；n_e 是每个单元的节点个数；$N_i(x_i, y_j)$ 是 C_0 的插值函数，具有下述性质

$$N_i(x_i, x_j) = \begin{cases} 1 & (j=i) \\ 0 & (j \neq i) \end{cases}, \quad \sum N_i = 1 \qquad (4.13)$$

将式(4.12)代入式(4.11)，整理得

$$\iint_R \left[\left(\frac{\partial N_i}{\partial x} \right)^T \frac{\partial N_i}{\partial x} + \left(\frac{\partial N_i}{\partial y} \right)^T \frac{\partial N_i}{\partial y} \right] dx dy - \int_s \frac{\partial t}{\partial n} N_i ds = 0 \qquad (4.14)$$

代入边界条件

$$\frac{\partial t}{\partial n} = \frac{q}{\lambda}$$

将式(4.13)代入式(4.12)得

$$\iint_R \left[\left(\frac{\partial N_i}{\partial x} \right)^T \frac{\partial N_i}{\partial x} + \left(\frac{\partial N_i}{\partial y} \right)^T \frac{\partial N_i}{\partial y} \right] \mathrm{d}x\mathrm{d}y - \int_s \frac{q}{\lambda} N_i \mathrm{d}s = 0$$

按照一般的有限元格式,式(4.14)可以表示为

$$\boldsymbol{RT} = \boldsymbol{P}$$

式中,$\boldsymbol{R}$ 为热传导矩阵,且为正定矩阵;$\boldsymbol{T}$ 为温度列矩阵;$\boldsymbol{P}$ 为温度载荷列阵。

(5)有限元数值计算

① 裂隙岩体计算网格图。根据裂隙岩体几何模型,对该模型采用三节点三角形单元进行网格划分,对水岩交界面处进行网格的细化,其计算网格模型如图4.7所示。经过网格数统计可知,此网格模型共有 1631 个网格点数,3180 个三角形单元,20954 个自由度数目。

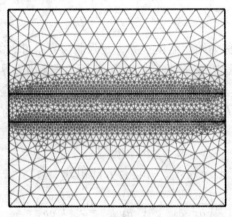

图4.7 裂隙岩体计算网格图

② 边界条件及计算参数。

渗流边界:裂隙内左边界选取为水流流入边界,右边界选取为压力边界;上、下两个边界为壁面无滑动边界。

温度边界:对于裂隙岩体而言,由热传导理论可以建立渗流作用下的温度场模型,在水岩交界面上会发生对流换热,考虑稳态温度场,将对流换热面作为边界考虑。因此选取上下原始岩层温度 $T_0 = 40℃$,$T_{01} = 50℃$,$x = 0$ 处地下水流温度 $T_{w0} = 20℃$,边界 BC 和 B_1C_1 温度为 50℃,边界 AD 和 A_1D_1 为绝热边界。

计算参数:研究区域选定为 35mm×40mm,其中裂隙常开度 $b_1 = 2.5$mm,裂隙长度 $L = 40$mm,地下水流的参数同前。岩体的密度为 2350kg/m^3,比热容为 0.84kJ/(kg·K),导热系数 1.43W/(m·K)。

③ 数值模拟结果及分析。从计算结果（见图4.8至图4.12）可以得出如下结论。

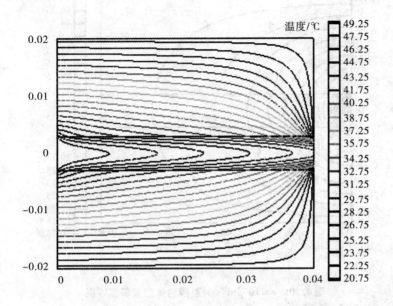

图4.8　$v = 10^{-3}\text{m/s}$ 时裂隙岩体温度等值线图

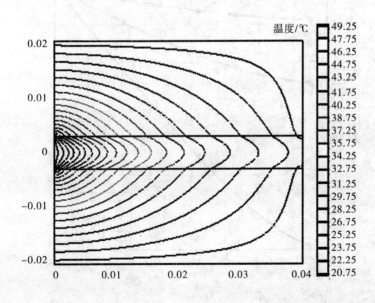

图4.9　$v = 10^{-4}\text{m/s}$ 时裂隙岩体温度等值线

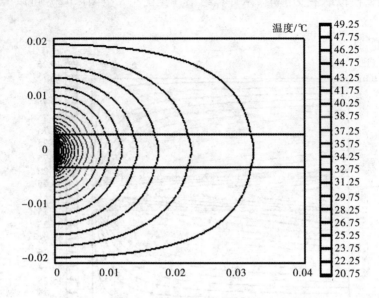

图 4.10 $v = 10^{-5}$ m/s 时裂隙岩体温度等值线图

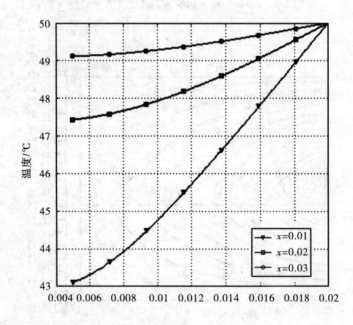

图 4.11 $v = 10^{-5}$ m/s 时各截面温度等值线

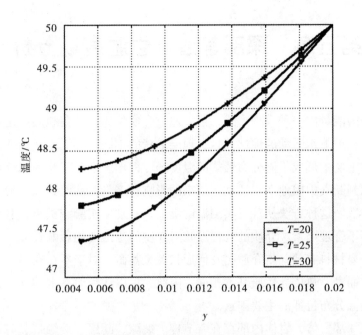

图 4.12　$v=10^{-5}$m/s 时 $x=0.02$ 截面不同水温下岩体剖面线等值线

第一，由于地下水流在裂隙中沿 x 方向流动，岩体的温度高于地下水流的温度，因此，岩体的热量传递给水流，使水流的温度在流动方向上逐渐升高，进而改变了原有岩体温度场分布，在 BC 截面处时，水流的温度近似于岩体的温度，达到了热平衡状态。

第二，裂隙内水流渗透速度的变化将影响温度场的分布。渗透速度增大，热质迁移随之增大，在与围岩进行热交换达到平衡状态时，裂隙内部和围岩的温度场的分布变化增大。

第三，温度等值线的变化率是反映岩体与水流热量交换的一个参数，变化率越大，热量交换的速率越快，反之亦然。从 $x=0.01$，0.02，0.03m 剖面位置的温度变化情况来看，初始时岩体的壁面温度与水流温度相差很大，随着时间的增加和热量的传递，水流温度与岩体的壁面温度差逐渐减少，沿裂隙水流的流动方向温度等值线变化率逐渐减小。

第四，渗流作用下裂隙岩体的温度场是原岩温度、流体温度和流速综合作用的结果，流体温度的变化会影响裂隙岩体的温度变化梯度；对比流速和温度对裂隙岩体温度场分布的影响，流体流速的影响要大于流体温度的影响。

第五章　深部巷道围岩温度场分析

温度作为能量的一种表现形式，可以通过介质传递，其在地层中是连续变化的。对于存在地下水活动的地层而言，地层性状的不同使地下水活动方式存在差异，从而在地层中形成不同分布形式的温度场。根据区别于正常地温分布的温度场特征可以判断其中因地下水活动所带来的影响有多少，从而计算出地层渗透系数等基本参数。这种方法从现场实测温度出发，有别于实验室试验，避免了诸如尺寸效应等不合理因素。介质的几何形状对介质的渗透性能影响较大，但热传导系数仅与介质材料有关，与介质的几何形状关系甚微。对于不存在渗流的均质和非均质岩体而言，热传导性质基本相同。因此，可以认为地下水的存在和运动方式是左右地温分布特征的主要因素。

而对于深部岩体，岩体内部存在着节理、裂隙、断层、接触带、剪切等各种各样的不连续面，而地下水的存在，使水流在裂隙网络中流动，通过对流和传导两种方式改变岩体温度场的分布，而岩体温度场的改变反过来又影响岩体的渗透性以及地下水的物理和热学性质，使得地下水的渗透速度发生变化，从而影响岩体渗透。

第一节　地下岩体温度场的基本特征

温度场是指各时刻物体中各点温度分布的总称。温度场有两大类。一类是稳态工作条件下的温度场，物体各点的温度不随时间变化，这种温度场称为稳态温度场，或称常温度场。另一类是变动工作条件下的温度场，温度分布随时间变化，这种温度场称为非稳态温度场，或称非定常温度场。温度场中同一瞬间同温度各点连成的面称为等温面。在任何一个二维的截面上等温面表现为等温线，等温线的疏密可直观地反映出不同区域热流密度的相对大小。

自然界中的传热通常以传导、对流和辐射这三种方式进行。

① 传导始终是热量传递的主要方式，尤其是当岩石为完全致密或岩石中的孔隙很小时，由物质运动引起能量转移的对流传热机制会受到抑制，可以看做仅发生固体间的热传导。

② 如果岩石不是致密的而存在裂隙（死端裂隙除外），那么就会因水流运动而产生热量交换，即对流传热。但应该看到的是，对流传热进行的同时不可避免地伴随有热传导过程。

③ 只有在高温或极高温（高于600℃）的情况下，由辐射机制传递的热量占整个传热量的份额才不可忽略，常温下可以不予考虑。

针对常温情况下，只考虑条件①和②作用下的温度场。其他与能量转移有关的量，如黏性耗热，当不可压缩流体低速流动时，其与热传导所传递的热量相比非常少，因此，黏性功可以忽略不计。

地下水运动是各种地质活动中的活跃因素，由于其易于流动且热容量大，对地层温度场有着重要影响。无地下水运动的地层传热以固体热传导为主，可以认为是导热型温度场；存在地下水运动的地层，除固体导热外还同时伴随因地下水流动而产生的对流传热，形成导热和对流并存的温度场，即导热－对流型温度场。

导热－对流型温度场与导热型温度场的性质是不同的。

1. 导热型温度场地温曲线

（1）地温梯度

在增温带内，岩层原始温度随深度的变化规律可用地温率或地温梯度来表示。地温率是指恒温带以下岩层温度每增加1℃，所增加的垂直深度；地温梯度是将两个不同深部的原始温度之差与该两点间的距离相比，地温率或地温梯度是表征一个地区地热状况的重要参数。

地温梯度可按实测地温资料计算，公式为

$$\delta_1 = \frac{T_{H_2} - T_{H_1}}{H_2 - H_1}$$

式中，δ_1 为按实测地温资料计算的地温梯度，℃/m；H_2 和 H_1 为标高，m；T_{H_2}，T_{H_1} 分别为标高 H_2 和 H_1 处的岩温，℃。

地温梯度还可以根据恒温带参数进行验证或计算，公式为

$$\delta_2 = \frac{T_H - T_{g0}}{H - h_0}$$

式中，δ_2 为按恒温带计算的地温梯度，℃/m；H 为测定标高，m；T_H 为标高 H 处的岩温，℃；T_{g0} 为恒温带温度，℃；h_0 为恒温带深度，m。

（2）无地下水渗流岩体温度场分布

理论上的地温梯度是指不存在地下流体（水或石油）运动的地温梯度，温度与深度回归曲线的斜率为常数，地温曲线为直线。根据 Fourier 热传导定律，在

均质岩层中以传导方式传递热量时，理论地温梯度等于温度与深度相关直线的斜率，如图 5.1 所示。

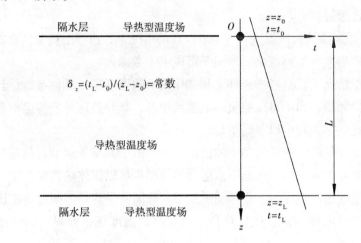

图 5.1 导热型温度场地温曲线

2. 导热－对流型温度场地温曲线

如果岩层中有地下水渗流，受水流运动的影响，地温梯度不再是常数。一般情况下，地下水沿水平方向运动是沿着或靠近等温面的，对温度场的影响不如地下水沿垂直方向运动明显。

（1）水流垂直向上渗流时的地温曲线

当地下水流垂直向上渗流时，地温曲线如图 5.2 所示。

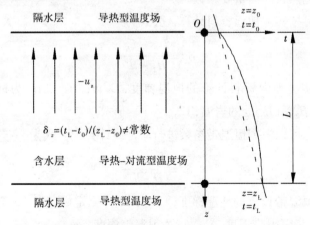

图 5.2 水流垂直向上时的地温曲线

（2）水流垂直向下渗流时的地温曲线

当地下水流垂直向下渗流时，地温曲线如图 5.3 所示。

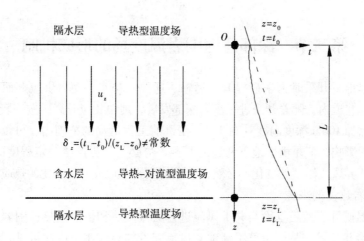

图 5.3　水流垂直向下时的地温曲线

图 5.2 和图 5.3 中的虚线表示导热型温度场的温度曲线，实线表示导热－对流型温度场的温度曲线，从图中可以看出，导热－对流型温度场的温度曲线是"上凸"或"下凹"的，前者对应垂直向上的地下水渗流，后者对应垂直向下的地下水渗流。由此可以判断和识别地下水流向。对于导热－对流型温度场而言，不同的垂向流速对应着不同的曲线形状，一般来说，流速越大，曲线的曲率就越大，温度曲线就越偏离理论地温曲线，如图 5.4 所示。

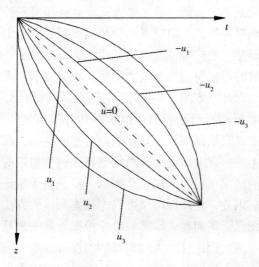

图 5.4　导热型和导热－对流型温度场垂向温度曲线

图 5.4 中，$u_3 > u_2 > u_1 > 0$，由以上分析可以看出，地下水的渗流是影响岩体地温分布特征的主要因素。

第二节　深部巷道围岩温度场的形成机制

巷道是地下开采时为采矿提升、运输、通风、排水、动力供应等而掘进的通道。在深部巷道内，随着开采进一步向深部发展，地温相应升高，按一般的地热梯度看，每增加100m深度温度升高3℃。在目前工程活动的范围内，可以不考虑温度对岩石的影响，但是由于地下巷道的开掘，势必与外界产生一定程度的热交换，并且由于外界风流温度的变化，必然在巷道的围岩中形成一个变化的热应力场。

1. 围岩热量的来源

在高温矿井、巷道壁面与井下风流进行对流换热和辐射换热；围岩热不断地从内部传给巷道壁，从而也就不断地对风流起着加热作用。由此可见，引起井下致热的主要原因是巷道围岩对巷道壁面的传热，围岩热量的主要来源是地热，表现为地温。地温主要受地球内热和地表温度场等因素的影响。下面就分别介绍一下影响地温的因素。

（1）地球内热

众所周知，地球内部是一个非常巨大热源，它不断地把热量散发到宇宙太空中去。其中以热传导方式在地球表面散发的热量每年有 1.025×10^{21} kJ，再加上其他形式释放的能量，地球每年释放的热量比上述数值还要大。

大地热流散热是地球表面散热的主要方式，此外还有三种相对比较主要的散热方式：温泉、地热带释放，火山喷发活动和地震释放。火山喷发可直接将高温物质送至地表。而温泉、地热带释放的热量要比火山喷发少一些，但也会带来很大的热量。地震释放的能量与震级有很大关系，小级别的地震在总的地震释放能量中不占主导地位。有计算表明，7级以上的地震可以释放大量的能量。

地球内部的温度越高，地球内部往地表的传热能力和辐射传热能力也就越大。地球内部温度在地壳浅部随着地球深度的增加而增加，而在地壳深部随深度的增加，温度增加不是一直继续下去，而是维持在一个恒定的温度值。地壳浅部的温度，在有条件的情况下可以采用钻孔测温，但是对于地球深部的温度，显然是不能直接测量的。因此，地球深部温度只能根据间接的方法加以推测，主要方法包括根据浅部的测温资料向地壳深部外推、根据地球物理及化学资料间接推断地球内部的温度以及通过理论计算地球深部的温度等。

在实际工作中，地温梯度是表征一个地区地热状况的重要参数，即两个不同深度的岩石温度之差与该两点间的距离之比。

（2）地表温度场

地表温度场的分布对于矿井地温有着相对较大的影响。影响地表温度场分布的主要因素包括地面梯度对地表温度场的影响、太阳辐射热对地表温度的影响、大地热流密度的影响、温度带及恒温带深度对地温的影响等。

2. 巷道内部热源

（1）围岩散热

围岩与井下风流的热交换是一个复杂的不稳定换热过程。在采掘过程中，当岩体新暴露出来时，新露面的围岩以较快的速率向井下风流传递热量，随着岩壁逐渐被风流冷却，岩壁向空气的传热就越来越少，最后岩壁的温度趋近于井下空气的温度。围岩向井巷传热的途径有两个：一是借热传导自岩体深处向井巷传热；二是经裂隙水借对流将热量传给井巷。

有些矿井在采掘过程中伴随有大量的高温矿井水涌出，如三河尖矿、巨野煤田新巨龙矿等，其采掘面都有超过 50℃ 的高温矿井水通过顶底板和围岩流出，对巷道内的热环境有很大影响，因此，热水散热是巷道内部空气温度的重要热源之一。在一般情况下，矿井涌水量是比较稳定的。根据传热学的原理，散发的热量通过涌水量、涌出水出口水温、离开所计算巷道段时的水温和水的比热容即可计算。

（2）空气自压缩放热

当可压缩的气体（空气）沿着井筒向下流动时，其压力与温度都要有所上升，这样的过程称为"自压缩"过程；在自压缩过程中，如果气体同外界不发生换热、换湿，而且气体流速也没有发生变化，则此过程称为"绝热自压缩"过程。空气的自压缩并不是热源，因为在重力场作用下，空气绝热地沿井巷向下流动时，其温升是位能转化为熵的结果，而不是由外部热源输入热流造成的。但对深部矿井来说，自压缩引起风流的温升对巷道的温升有很大影响，所以一般将它归在热源中单独进行讨论。

（3）机电设备散热

在现代矿井中，由于机械化水平很高，尤其是采掘工作面的装机容量急剧增大，机电设备放热已成为这些矿井中不可忽视的主要热源。我国煤矿井下机电设备主要有采掘机械、提升运输设备、扇风机、电机车、变压器、水泵、照明设备，所使用的能源几乎全部采用电，压缩空气及内燃机的使用量很少。机电设备所消耗的能量除了部分用以做有用功处，其余全部转换为热能并散发到周围的介质中去。

（4）氧化热和炸药爆破热

矿石、煤炭和坑木都能氧化放热使矿井温度升高，其中以煤的氧化放热最为显著。因此，矿井巷道中氧化散热量的大小主要取决于巷道的岩性。据前苏联学者得到的研究结果，煤氧化过程的散热量取决于风流与煤的接触面积、散状煤块的粒度和堆积状态、煤的含湿量。

煤尘与散状煤块同新暴露的煤层一样容易被氧化，煤层中的裂隙和裂缝会大大增加煤炭的氧化面积。对于开采瓦斯煤层，当煤氧化放热时，煤层中的吸附瓦斯吸热，因此氧化过程的放热量比无瓦斯煤层要小50%。

硫化矿、煤等碎石都会氧化发热，若到达自燃阶段，发热量更大，是矿内氧化发热的主要热源。其他如坑木、充填材料、油、包装料等的氧化发热影响并不显著。在用放顶法开采的长壁采煤工作面中，从采空区煤氧化而来的发热加上空场漏风助势，一般都占全煤工作面总热量的30%以上，有时可达到55%。炸药爆炸产生的热量全部传给了空气。常用的2#岩石硝铵炸药爆破热为3639kJ/kg，其产生的热量是相当可观的。

（5）采落矿岩散热

采落矿岩的冷却放热和运输散热都会引起巷道温度的升高。由于输煤机上的煤炭的散热量最大，致使输煤机周围风流的温度升高，从而风流与围岩之间的温差减少了，因而抑制了围岩的部分散热。此外，由于输送机的胶带及框架的蓄热作用，使风流的增热量往往少于输送机上煤炭及矸石的散热量。实测表明，在高度机械化的矿井中，在运输期间，风流的平均增热量约为运输中煤炭及矸石散热量的60%~80%。

（6）人体散热

在井下工作人员的放热量主要取决于他们所从事工作的繁重程度和持续时间，一般依据人体能量代谢的产热量计算。

3. 巷道围岩散热的基本方式

巷道围岩的散热有着基本的散热规律和散热方式，但是当巷道的环境不同或发生变化时，围岩与风流的热交换有着不同的方式，这会直接影响矿井气温及井下空气状况。下面将就巷道围岩与风流的热交换机理作进一步分析。

巷道围岩与风流的热交换是一个比较复杂的不稳定交换过程。在交换过程中，既有围岩向围岩壁的热传导过程，又有围岩壁与巷道内空气的对流热交换进行传热的过程。围岩对围岩壁的传热过程是不稳定的连续过程，围岩与围岩壁传热所损失的热量可以不断地从远处的地温场得以补充，但围岩温度已经发生了变化，这时其继续传输热量的大小自然也发生了变化。在围岩壁与巷道中的空气进行对流传热时，如果巷道内干燥，其热流量将全部用于增加空气的热量，使温度迅速上升。如果巷道内潮湿，受围岩壁上面水分的影响，一部分热量将以显热的方式传给空气，使得空气中的热量不断增多，温度也随之增加；另一部分热量则会以潜热的形式传给空气中的水分，水分不断地蒸发，使空气中湿度增加；但整个传热过程又受到通风时间、进风量大小、巷道中空气的风流温度、岩体自身热物理性质以及巷道内其他热源等的影响。

此外，不同巷道的散热情况也不尽相同。在巷道掘成初期，通风后，由于原始岩温与风流温差较大，围岩与风流的热交换比较活跃，冷却带迅速扩大，靠近巷道的围岩迅速降温，风流温度升温。当干燥巷道中无其他热源时，内部围岩体将与巷道风流进行热交换来实现热移动。在岩石中开掘巷道后，有比围岩原始岩温低的风流通过时，因为存在温差，根据热力学原理，巷道壁会以对流放热方式向风流传热，而围岩体以热传导的方式向被冷却的巷壁产生热流，与此同时，周围深部的围岩体也相应被冷却而形成冷却带。此时，巷道中的风流获得热量后温度升高，随着时间的延长，原始岩温与风流温度的温差逐渐减少，巷道壁向风流传递的热量也相应减少。围岩体的温度分布和巷道风流温度都会随着时间的变化而发生变化，这是一个不稳定的传热过程。这个过程包括了围岩体内部的热传导、围岩与风流间的对流换热，是一个组合的不稳定传热过程。而对于开采已久的巷道，由于在一定时间内基本完成了常规的热交换，达到平衡状态，所以散热较缓慢。

通风时间长短也会影响围岩散热。对于通风时间长的巷道围岩，当通风时间达到一年左右的时候，围岩与风流已经进行了较为充分的热交换，冷却带的扩大趋势会变弱，这时巷道壁面的温度逐渐接近风流的温度。

从以上的介绍中可以看出，巷道围岩调热圈温度场对于围岩热量的传递有着重要的影响。巷道围岩与风流交换的基本机理是热量首先从围岩内部或深部传到围岩壁，然后通过围岩壁与风流温度差进行对流换热。

巷道围岩内部温度场的影响因素主要有如下几方面。

（1）导热系数与温度场

材料的导热系数是表征材料导热性能的参数。岩石属于低热导的固体。影响岩石导热系数的因素很多，但主要取决于岩石的矿物组成和结构特点。在致密的岩石中，岩矿物的热性质对岩石导热系数起主要的控制作用；在孔隙质岩石中，除团体基质外，孔隙度、孔隙充填介质及含水量等对岩石导热系数有较大的影响。同等条件下，围岩导热系数越大，交换的热量越多。所以围岩的导热系数是温度场分布模拟中的一个重要热物理参数，也是反映围岩和外界热交换能力的一个热物理指标。

（2）风流与围岩的换热

围岩散热是造成井下温度升高的主要热源，围岩的热物理性质参数、围岩热量的来源以及围岩与风流热交换的机理对巷道围岩与风流的热交换有着相当重要的影响，可以说直接影响着矿井气温及井下空气状况。

由于巷道岩壁内的热流动不是很稳定，岩体内部温度场的分布和空气的温度也在不断变化，岩石的热物理性质参数又受到很多因素的影响，加之不规则的巷道形状、空气和围岩交界面的复杂性，以及在围岩与井下空气的热交换过程中往往发生水的相变现象，准确地计算出围岩传递给井下空气的热量是不可能的，但可以通过进行合理的假设后近似计算。

第三节　深部巷道围岩温度场耦合模拟分析

1. 深部岩体渗流与温度相互作用机理

深部岩体中的渗流场与温度场是相互作用、相互影响的。具体表现在：岩体渗流的存在，将使渗透水流参与岩体系统中的热量传递与热交换，影响了岩体温度场的分布；岩体中温度场的改变，将引起水的黏度和岩体渗透系数的改变，还会由于温度梯度的存在引起水的运动，影响岩体渗流场的分布；岩体渗流与温度两者之间的作用关系，可用图 5.5 表示，a 表示温度势梯度引起水分子运动与温度有关的水特性变化，b 表示水流的热对流及岩体的热交换。

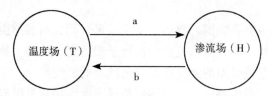

图 5.5　渗流与温度相互作用关系图

2. 基本假定

连续介质理论是把岩体和水流看做无间隙的连续体，按照成熟的连续介质方法宏观地处理地质体的温度场问题，等效连续介质理论就是把岩块－裂隙系统等效为连续介质，用连续介质方法处理地质体的温度场问题。

基于连续介质基本理论，为研究问题的需要，作如下假定。

① 岩体渗流可视为连续介质或等效连续介质渗流，即岩体中的地下水和岩石骨架并存于整个岩体空间中。

② 岩体空间某一固定点水的温度和岩石的温度相同，即同一位置的水和岩石不发生热量交换。

③ 温度的变化不引起水的相变。

3. 深部岩体热传导控制方程

地下水作为最活跃的地质因素，在地壳浅部分布广泛，容易流动，而且具有很大的热容量，是影响区域地温场的一个重要因素。由于地下水的存在，在地壳浅部热传递的主要形式除热传导外，还有通过地下水进行热对流传递，其影响程度直接受流体在岩体中运动速度的控制。

而对于深部岩体，岩体内部存在着节理、裂隙、断层、接触带、剪切等各种各样的不连续面，在地下水流的作用下，除岩体本身导热外还同时伴随因地下水流动而产生的对流传热，从而形成了导热－对流型温度场。

在温度场中，地下水与围岩进行热交换，它可以吸取围岩的热量，使围岩降温，也可以放出热量，使围岩增温。所以，地下水与围岩进行热交换的过程可以看做一种非稳定热传导与热对流的叠加问题，当达到平衡时，可作为稳定热传递问题来处理。

（1）热传递方程

根据热平衡原理，对于兼有传导和对流两种作用的二维温度场，可得到热传导与热对流共存时的热传递方程

$$\left[\frac{\partial}{\partial x}\left(\lambda_x\frac{\partial T}{\partial x}\right)+\frac{\partial}{\partial z}\left(\lambda_y\frac{\partial T}{\partial z}\right)\right]-\rho_w c_w\left[\frac{\partial}{\partial x}(v_x\cdot T)+\frac{\partial}{\partial z}(v_y\cdot T)\right]+Q=\rho c\frac{\partial T}{\partial t}\quad(5.1)$$

式中，ρ_w，c_w 分别为地下水的密度和比热容；λ_x，λ_y 分别为 x 和 y 方向上岩体的导热系数；ρc 为岩体等效容积比热容，$\rho c=\psi\rho_r c_r+(1-\psi)\rho_w c_w$，其中 ρ_r，c_r 分别为岩体的密度和比热容，ψ 为围岩中岩体的体积分数；v_x，v_y 分别为 x 和 y 方向上地下水的渗透速度。

由式(5.1)可看出，在有地下水活动的区域，岩体温度场的分布不仅受岩体的导热系数、密度和比热容的控制，而且与地下水的密度、比热容和渗流速度密切相关，地下水的渗流速度越大，渗流场对温度场的影响也越大，式(5.1)反映了渗流场对温度场的影响。

（2）渗流控制方程

根据渗流基本理论，当不考虑介质的压缩性时，二维裂隙岩体渗流应满足的基本方程为

$$\frac{\partial}{\partial x}\left(K\frac{\partial H}{\partial x}\right)+\frac{\partial}{\partial y}\left(K\frac{\partial H}{\partial y}\right)+Q_H=S_s\frac{\partial H}{\partial t}\quad(5.2)$$

裂隙岩体渗流时，局部存在温度差，在温度势梯度的影响下会造成水的流动，由于温度势本身就是较为复杂的问题，因此目前只有一种经验表达式

$$q_T=-D_T\left(\frac{\partial T}{\partial x}+\frac{\partial T}{\partial y}\right)$$

将水温的影响作用代入到式(5.2)中，得到水流温度影响下的裂隙岩体渗流场数学模型为

$$\frac{\partial}{\partial x}\left(K\frac{\partial H}{\partial x}\right)+\frac{\partial}{\partial y}\left(K\frac{\partial H}{\partial y}\right)+D_T\left(\frac{\partial T}{\partial x}+\frac{\partial T}{\partial y}\right)+Q_H=S_s\frac{\partial H}{\partial t}\quad(5.3)$$

（3）热守恒方程

忽略气体的影响，构造岩体的热守恒方程

$$\left[\psi\rho_r c_r+(1-\psi)\rho_f c_f\right]\frac{\partial T}{\partial t}=K_T T-\rho_f c_f qT\quad(5.4)$$

式中，ρ_f，c_f 分别为流体的密度和比热容；K_T 为岩石和流体的联合热导率，$K_T=\psi K+(1-\psi)K_f$，K 为岩石的热导率，K_f 为流体的热导率。

（4）深部岩体温度场的耦合数学模型

通过以上对深部裂隙岩体渗流场、温度场与热守恒方程的分析，将式(5.1)、式(5.3)和式(5.4)进行组合，可得

$$
\left.\begin{aligned}
&\left[\frac{\partial}{\partial x}\left(\lambda_x \frac{\partial T}{\partial x}\right) + \frac{\partial}{\partial z}\left(\lambda_y \frac{\partial T}{\partial z}\right)\right] - \rho_w c_w\left[\frac{\partial}{\partial x}(v_x \cdot T) + \frac{\partial}{\partial z}(v_y \cdot T)\right] + Q = \rho c\frac{\partial T}{\partial t} \\
&\frac{\partial}{\partial x}\left(K\frac{\partial H}{\partial x}\right) + \frac{\partial}{\partial y}\left(K\frac{\partial H}{\partial y}\right) + D_T\left(\frac{\partial T}{\partial x} + \frac{\partial T}{\partial y}\right) + Q_H = S_s\frac{\partial H}{\partial t} \\
&\left[\psi\rho c + (1-\psi)\rho_f c_f\right]\frac{\partial T}{\partial t} = K_T T - \rho_f c_f q T
\end{aligned}\right\}
\tag{5.5}
$$

式(5.5)即深部岩体地下温度场耦合数学模型，再加上相应的边界条件和初始条件，采用耦合迭代法就可以进行求解。由上面的耦合方程可以得出以下结论。

① 渗透性系数、压力水头随着水温的变化而变化，渗流场增加了温度梯度引起水流动项。

② 岩体温度场的分布与渗流速度场的分布有密切关系，渗透速度越大，对温度场的影响也越大。

通过建立深部岩体地下温度场耦合数学模型，采用有限元软件对深埋巷围岩的温度场分布进行了数值模拟分析。

4. 深埋巷道围岩稳定温度场的数值模拟分析

（1）深埋巷道围岩稳定温度场的耦合数学模型

理论上，能满足式(5.5)的渗流场水头 $H(x,y,t)$ 及温度场分布 $T(x,y,t)$ 就是深部岩体渗流场与温度场耦合分析的精确解，但目前在数学上要单独求解式(5.5)非常困难。为了说明问题，通过建立深部岩体稳定温度场数学模型来分析深部岩体的温度场分布。这样式(5.5)中含时间的部分均可省略，对于无源（汇）项的稳态问题，其数学模型有如下形式

$$
\begin{cases}
\left[\frac{\partial}{\partial x}\left(\lambda_x \frac{\partial T}{\partial x}\right) + \frac{\partial}{\partial z}\left(\lambda_y \frac{\partial T}{\partial z}\right)\right] - \rho_w c_w\left[\frac{\partial}{\partial x}(v_x \cdot T) + \frac{\partial}{\partial z}(v_y \cdot T)\right] = 0 \\
\frac{\partial}{\partial x}\left(K\frac{\partial H}{\partial x}\right) + \frac{\partial}{\partial y}\left(K\frac{\partial H}{\partial y}\right) + D_T\left(\frac{\partial T}{\partial x} + \frac{\partial T}{\partial y}\right) = 0 \\
\left[\psi\rho c + (1-\psi)\rho_f c_f\right]\frac{\partial T}{\partial t} = K_T T - \rho_f c_f q T
\end{cases}
$$

结合相应的边界条件和初始条件，采用迭代方法求解。

（2）巷道围岩温度场分布

研究区域资料来源于深埋巷道的原位监测数据，研究区域选定为 $40\text{m} \times 25\text{m}$ 范围内的巷道围岩，巷道断面为半圆拱形，断面宽度为 8.0m，直墙和拱高均为

4m，几何模型及网格剖分见图 5.6。共剖分 1679 个节点，3084 个三角形单元。

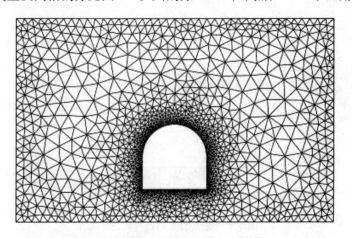

图 5.6　巷道围岩几何模型及网格剖分

① 计算参数。巷道围岩密度 $\rho = 2350\text{kg/m}^3$，比热容 $c = 0.84\text{kJ/(kg·K)}$，导热系数 $K = 1.43\text{W/(m·K)}$，地下水流密度 $\rho = 1000\text{kg/m}^3$，水流运动黏滞系数为 0.001Pa·s，水流的热导率 $\lambda = 0.6\text{W/(m·K)}$。

② 边界条件。温度边界条件：下边界 $T_1 = 50℃$，上边界为对流边界，左右边界为绝热边界，内边界 $T_2 = 20℃$，地温 35.2℃；渗流边界条件：上边界压力水头为 60m，内边界压力水头为 20m。

③ 数值模拟结果见图 5.7 至图 5.10。

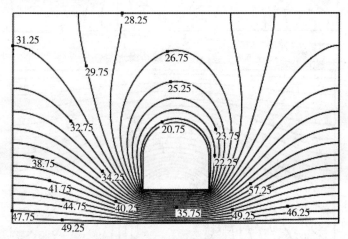

图 5.7　巷道围岩非耦合时温度分布

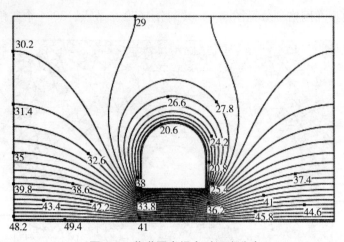

图 5. 8 巷道围岩耦合时温度分布

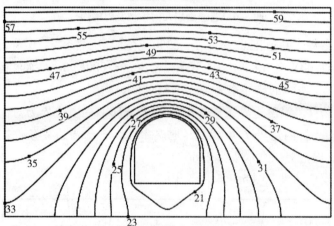

图 5. 9 巷道围岩非耦合时水头分布

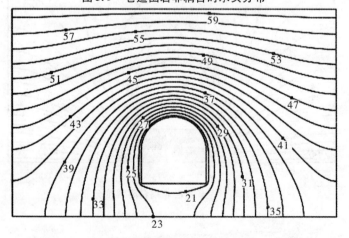

图 5. 10 巷道围岩耦合时水头分布

　　采用上面提出的深埋巷道围岩的稳定温度场数学模型，运用有限元数值方法对深埋巷道围岩进行数值求解，图 5.7 至图 5.10 所示分别为耦合及非耦合分析得出的渗流场等值线和温度场等值线。

　　从图中可以看出，渗流场（地下水垂直运动）的施加，没有改变温度场的对称分布。在渗流过程中，围岩原有的温度场由于地下水垂直向下渗流而产生新的温度场，新的温度场诱发了两方面的影响效应：一是地下水的渗流运动是由水力梯度引起的强迫运动和温差引起的自然热对流两者叠加的结果；二是地下水渗流过程中沿渗流途径水头损失逐渐减小。从图 5.9 和图 5.10 可以看出，耦合分析得出的渗流场水头普遍比非耦合时渗流场的水头高些；而从图 5.7 和图 5.8 可以看出，耦合分析得出的巷道围岩温度场温度普遍比非耦合得出的温度场温度低些，表明渗流伴随着热迁移现象。

第六章 裂隙岩体的渗流－温度耦合分析

目前，对于裂隙密集型岩体可以通过等效化处理，采用比较成熟的连续介质理论来进行简化，而对于大的断层或裂隙稀疏的岩体，则必须采取裂隙网络模型来处理。然而，采取裂隙网络模型来解决所遇到的岩土工程问题现在尚处于初步发展阶段，尤其是渗流场与温度场的耦合分析，现在还处于机理研究阶段。

本章在裂隙岩体渗流场与温度场基本理论的基础上，分析岩体裂隙网络中渗流场、水流温度场和岩体温度场之间的耦合关系，并在此基础上推导了渗流作用下的裂隙岩体传热数学模型。

第一节 裂隙岩体渗流场与温度场耦合作用

在地下开采、石油开采、地热开发等领域中，岩体渗流场与温度场的耦合分析是关键问题之一。由岩体渗流规律的地质分析可知，孔隙型岩体的渗流问题可视为连续介质渗流，密集裂隙型岩体及孔隙－密集裂隙型岩体的渗流问题可视为等效连续介质渗流。连续介质渗流及等效连续介质渗流都认为岩体中的地下水和岩石固相骨架并存于整个岩体空间内，这样就为渗流场与温度场的耦合分析提供了方便。

温度场的控制参数包括岩体的导热系数、比热容、密度，其中导热系数被称为特征参数，是最重要的参数。渗流场的控制参数包括地下水的密度、流速、黏度，岩体的孔隙度、裂隙隙宽、连通性等，综合体现为表征岩体渗透性质的参数（渗透系数）。

岩体中渗流场与温度场是相互作用和影响的。一方面，渗透水流作为传热的载体，直接参与岩体系统的热量传递与交换，从而影响岩体温度场的分布。另一方面，岩体温度的改变可引起水的黏度及岩体渗透系数的变化，同时，由于温度梯度，还会引起地下水的运动。另外，温度的改变还可能引起水的相变，使得流热耦合问题转化为流－气－热耦合问题，情况将变得更复杂。由于煤炭开采涉及的地层深度对水汽化问题可以忽略，故在此暂不讨论。由于岩体中渗流场与温度场的相互作用和相互影响，流－热耦合达到某平衡状态时形成新的状态，即温度场影响下的渗流场和渗流场影响下的温度场。

1. 岩体渗流场对温度场影响的机理分析

柴军瑞通过对岩石水动力学方面的研究，给出了在一维导热的情况下渗流影响温度场的基本方程。

当岩体内部存在渗流时，热流量包括两部分，一部分是岩体本身的热传导作用，另一部分是由渗流夹带的热量。此情况下产生的热流量为

$$q_x = c_w \gamma_w \nu T - \lambda \frac{\partial T}{\partial x}$$

式中，T 为温度；c_w 为水的比热容；γ_w 为水的容重；ν 为渗流速度；λ 为岩体的导热系数。

因此，在单位时间内流入单位体积的净热量为

$$-\frac{\partial q_x}{\partial x} = -c_w \gamma_w \frac{\partial(\nu T)}{\partial x} + \frac{\partial}{\partial x}\left(\lambda \frac{\partial T}{\partial x}\right)$$

假定此热量与单位时间内岩体温度升高所吸收的热量相等，因此

$$C\gamma \frac{\partial T}{\partial x} = -c_w \gamma_w \frac{\partial(\nu T)}{\partial x} + \frac{\partial}{\partial x}\left(\lambda \frac{\partial T}{\partial x}\right) \tag{6.1}$$

式中，C 为岩石的比热容；γ 为岩石的容重。

将式（6.3）扩展到三维状态下，考虑源（汇）项的三维热传导方程为

$$\frac{\partial}{\partial x}\left(\lambda_x \frac{\partial T}{\partial x}\right) + \frac{\partial}{\partial y}\left(\lambda_y \frac{\partial T}{\partial y}\right) + \frac{\partial}{\partial z}\left(\lambda_z \frac{\partial T}{\partial z}\right) - c_w r_w \left[\frac{\partial(\nu_x T)}{\partial x} + \frac{\partial(\nu_y T)}{\partial y} + \frac{\partial(\nu_z T)}{\partial z}\right] + Q_r = C\gamma \frac{\partial T}{\partial x}$$

$$\tag{6.2}$$

式中，x，y，z 为坐标轴三个方向；λ_i，ν_i（$i = x$，y，z）分别为沿不同坐标轴方向的导热系数和渗流速度。

由式（6.2）可以看出，岩体温度场的分布与渗流速度场的分布有密切的关系：渗流速度越大对温度场的影响也越大，而渗流场水头的分布又决定了渗流速度场的分布，由此可以看出岩体渗流场对温度场的影响。

2. 岩体温度场对渗流场影响的机理分析

岩体的渗透系数不仅是岩体介质特征的函数，也是表征通过岩体介质中流动的流体的特征函数。岩体的渗透系数与流体的运动黏滞系数成反比，而流体的运动黏滞系数又是温度的函数。

由其他学者的研究成果可知，岩体的渗透系数是温度（水温）的函数。温度场通过影响岩体的渗透系数而影响渗流场的分布，这是温度场对渗流场影响的一个方面。另一方面，由温度差形成的温度势梯度本身也会造成水的流动，由于温度势本身就是较为复杂的问题，因此，温度对水流运动也有影响。

仵彦卿等给出了温度影响下岩体的渗流场基本方程

$$\nabla(K \cdot \nabla H) + \nabla(D_T \cdot \nabla T) + Q_H = S_r \frac{\partial H}{\partial t} \tag{6.3}$$

式中，$H = H(x, y, z, t)$ 为渗流场水头分布；K 为岩体渗透系数张量；Q_H 为岩体中地下水系统的源（汇）项；S_r 为贮水率；∇ 为梯度算子函数。

由式（6.3）可以看出，岩体渗流场水头分布 $H = H(x, y, z, t)$ 与温度场的分布 $T = T(x, y, z, t)$ 密切相关。一方面，温度通过影响岩体的渗透系数张量 K 而影响渗流场；另一方面，温度梯度本身也影响水流的运动，而且温度梯度越大，对渗流场的影响也越大。由此可以看出岩体温度场对渗流场的影响。

通过总结目前渗流场和温度场的相互作用关系，可以得出岩块温度场、水流温度场与渗流场之间的耦合关系，如图 6.1 所示。

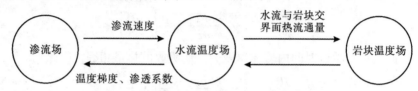

图 6.1　渗流场与温度场的相互作用机制

第二节　裂隙岩体的流热耦合控制方程

1. 基本假定

裂隙岩体非连续介质理论是将岩块和裂隙内水流分开处理，建立岩块温度场、裂隙水流温度场及裂隙渗流场三场之间的耦合作用。

基于非连续介质理论，出于研究问题的需要，现作如下假定。

① 裂隙岩体是由忽略储水性和透水性的岩块和岩体裂隙组成的不变性岩体，岩块可简化为连续介质模型。

② 不考虑由于温度不均引起水的密度变化而造成的自然热对流作用，忽略热机械弥散作用和热辐射作用。

③ 温度的变化不引起水的相变（保持液态不变）。

2. 裂隙水渗流控制方程

（1）水流温度对渗流场影响的机理分析

由于假设岩块不透水，因此渗流场分析区域为由裂隙组成的岩体裂隙网络系统，水流温度对渗流的影响作用包括以下两个方面。

① 水温对渗透系数的影响。根据立方定律可知裂隙渗透系数与水流运动黏滞系数成反比，而水流运动黏滞系数又是温度的函数。目前，广泛采用下面这个经验公式

$$\nu = \frac{0.01775}{1 + 0.033T_w + 0.000221T_w^2} \tag{6.4}$$

式中，ν 为水的运动黏滞系数，cm^2/s；T_w 为水温，℃。

将式（6.4）代入裂隙水流渗透系数，可得

$$K = \frac{gb^2}{12\mu} = \frac{gb^2(1 + 0.033T_w + 0.000221T_w^2)}{0.213}$$

式中，K 为渗透系数，m/s；μ 为水的动力黏滞系数，$N \cdot s/m^2$；b 为裂隙宽度，m；g 为重力加速度，m/s^2。

② 温度梯度引起水的流动。由于温度梯度本身就是较为复杂的问题，因此，温度对水流运动的影响目前只能用以下经验表达式

$$q = -D_T\frac{\Delta T_w}{l} = -D_T\left(\frac{\partial T_w}{\partial x} + \frac{\partial T_w}{\partial y} + \frac{\partial T_w}{\partial z}\right)$$

式中，q 为温度梯度引起的水流流量；D_T 为温差作用下的水流扩散率，$m^2/(s \cdot ℃)$。

（2）裂隙水渗流控制方程

由式（6.3）可得岩体裂隙网络渗流应满足的基本方程为

$$\frac{\partial}{\partial x}\left(K_x\frac{\partial H}{\partial x}\right) + \frac{\partial}{\partial y}\left(K_y\frac{\partial H}{\partial y}\right) + \frac{\partial}{\partial z}\left(K_z\frac{\partial H}{\partial z}\right) + Q_H = S_r\frac{\partial H}{\partial t} \tag{6.5}$$

将水温的影响作用代入式（6.5），可得岩体裂隙网络渗流场的控制方程

$$\frac{\partial}{\partial x}\left(K_x\frac{\partial H}{\partial x}\right) + \frac{\partial}{\partial y}\left(K_y\frac{\partial H}{\partial y}\right) + \frac{\partial}{\partial z}\left(K_z\frac{\partial H}{\partial z}\right) + D_T\left(\frac{\partial^2 T_w}{\partial x^2} + \frac{\partial^2 T_w}{\partial y^2} + \frac{\partial^2 T_w}{\partial z^2}\right) + Q_H = S_r\frac{\partial H}{\partial t} \tag{6.6}$$

对于各向同性介质来说，式（6.6）变为

$$K\left(\frac{\partial^2 H}{\partial x^2} + \frac{\partial^2 H}{\partial y^2} + \frac{\partial^2 H}{\partial z^2}\right) + D_T\left(\frac{\partial^2 T_w}{\partial x^2} + \frac{\partial^2 T_w}{\partial y^2} + \frac{\partial^2 T_w}{\partial z^2}\right) + Q_H = S_r\frac{\partial H}{\partial t} \tag{6.7}$$

（3）裂隙水渗流控制方程的离散

深部裂隙岩体考虑耦合作用的渗流问题可表示为在一定的定界条件下求解基本方程式（6.7）。求解区域为裂隙组成的不包括岩块的特殊区域，三维条件下的基本单位类似于单裂隙面单元。这些单元相互有机联系，组成岩体的裂隙网络。

根据有限元的变分基本原理，式（6.7）可简化为泛函的极值问题，取面单元泛函为

$$I^eH = \iiint\limits_{\Omega}\left\{\frac{1}{2}\left[K\left(\frac{\partial^2 H}{\partial x^2} + \frac{\partial^2 H}{\partial y^2} + \frac{\partial^2 H}{\partial z^2}\right) + D_T\left(\frac{\partial^2 T_w}{\partial x^2} + \frac{\partial^2 T_w}{\partial y^2} + \frac{\partial^2 T_w}{\partial z^2}\right) - S_r\frac{\partial H}{\partial t} + Q_H\right]\right\}dxdydz$$

对所有单元泛函求得微分后叠加，并使其等于零（求极小值），得到泛函对节点水头的微分方程组

$$\frac{\partial I}{\partial h_i} = \sum_e \frac{\partial I^e}{\partial h_i} = 0 \quad (i = 1, 2, 3, \cdots, n) \tag{6.8}$$

式中，n 为总节点数；$\sum\limits_e$ 表示对所有单元求和。

对式（6.8）进行整理，便可得有限元求解的矩阵表达式。

3. 岩体温度场热传导方程

（1）不考虑渗流影响的岩体温度场

根据热力学第一定律及传热学基本理论，裂隙岩体内部岩块的温度变化遵循能量守恒定律，以微元体内不透水岩块为研究对象，流入、流出微元体内岩块体的热量差值等于微元体内岩块体的温度变化。

在裂隙岩体内部取一个均匀各向同性微元体，内含有热源，从中取出一个无限小的六面体 $\mathrm{d}x\mathrm{d}y\mathrm{d}z$，如图 6.2 所示，单位时间内沿 x 方向进入的热量为 $q_x\mathrm{d}y\mathrm{d}z$，经 $x + \mathrm{d}x$ 流出的热量为 $q_{x+\mathrm{d}x}\mathrm{d}y\mathrm{d}z$，则在单位时间内沿 x 方向进入的净热量为

$$Q_x = (q_x - q_{x+\mathrm{d}x})\mathrm{d}y\mathrm{d}z \tag{6.9}$$

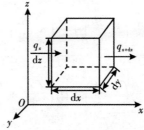

图 6.2　微元体热传导示意图

由固体热传导理论可知，热流密度 q（单位时间内通过单位面积的热流量，$\mathrm{kJ}/(\mathrm{s} \cdot \mathrm{m}^2)$）可表示为

$$q_x = -\lambda \frac{\partial T}{\partial x} \tag{6.10}$$

式中，λ 为岩体的导热系数，$\mathrm{kJ}/(\mathrm{m} \cdot \mathrm{s} \cdot \mathrm{^\circ\!C})$。则

$$q_{x+\mathrm{d}x} = -\lambda\left(\lambda \frac{\partial T}{\partial x} + \lambda \frac{\partial^2 T}{\partial x^2}\mathrm{d}x\right) \tag{6.11}$$

将式（6.11）和式（6.10）代入式（6.9），得

$$Q_x = \lambda \frac{\partial^2 T}{\partial x^2}\mathrm{d}x\mathrm{d}y\mathrm{d}z$$

同理，沿 y，z 方向进入的净热量分别为

$$Q_y = \lambda \frac{\partial^2 T}{\partial y^2}\mathrm{d}x\mathrm{d}y\mathrm{d}z$$

$$Q_z = \lambda \frac{\partial^2 T}{\partial z^2} \mathrm{d}x\mathrm{d}y\mathrm{d}z$$

则六面体流入的总净热量为

$$Q_1 = Q_x + Q_y + Q_z$$

由于内部有热源，在单位时间内单位体积放出的热量为 q_V，则在体积 $\mathrm{d}x\mathrm{d}y\mathrm{d}z$ 内单位体积放出的热量为

$$Q_2 = q_V \mathrm{d}x\mathrm{d}y\mathrm{d}z$$

在单位时间内，微元体中由于温度升高所吸收的热量为

$$Q_3 = c\gamma \frac{\partial T}{\partial t} \mathrm{d}x\mathrm{d}y\mathrm{d}z \tag{6.12}$$

式中，c 为岩体的比热容，$\mathrm{kJ/(kg \cdot ℃)}$；γ 为岩体的密度，$\mathrm{kg/m^3}$。

由热量平衡原理，微元体温度升高所吸收的热量必须等于从外界吸收的总净热量与内部热源所释放的热量之和，即 $Q_3 = Q_1 + Q_2$。

代入 Q_1，Q_2，Q_3 的表达式，化简后得介质中的热传导方程

$$\frac{\partial T}{\partial t} = \alpha \left(\frac{\partial^2 T}{\partial x^2} + \frac{\partial^2 T}{\partial y^2} + \frac{\partial^2 T}{\partial z^2} \right) + \frac{q_V}{c\gamma} \tag{6.13}$$

式中，α 为岩体的热扩散率，$\alpha = \lambda \cdot (\rho c)^{-1}$，$\mathrm{m^2/s}$；其他含义同上。

在经过足够长时间后，温度不再随时间而变化，固体内部也不再放出热量，内部热量达到平衡，即 $\frac{\partial T}{\partial t} = 0$，$q_V = 0$，于是热传导方程简化为

$$\frac{\partial^2 T}{\partial x^2} + \frac{\partial^2 T}{\partial y^2} + \frac{\partial^2 T}{\partial z^2} = 0 \tag{6.14}$$

这种不随时间变化的温度场称为稳定温度场。

（2）考虑渗流影响的岩体温度场

当岩体中有渗流发生时，一方面，地下水的渗流运动促成了岩体与地下水体之间发生热传递与交换；另一方面，地下水作为裂隙岩体中热量交换的载体，通过地下水本身的渗流运动而产生热对流的热能转移过程。三维导热、考虑源（汇）项的情况下，渗流影响的岩体三维导热方程为式（6.2）。

4. 三维岩体温度场热传导方程的离散

（1）不考虑渗流影响的岩体温度场的离散

对三维非稳定导热方程（6.13）在区域 Ω 内应用加权余量的伽辽金（Galerkin）法得

$$\iiint\limits_{\Omega} W_i \left[\left(\frac{\partial^2 T}{\partial x^2} + \frac{\partial^2 T}{\partial y^2} + \frac{\partial^2 T}{\partial z^2} \right) - \frac{1}{\alpha} \left(\frac{q_V}{\lambda} - \frac{\partial T}{\partial t} \right) \right] \mathrm{d}x\mathrm{d}y\mathrm{d}z = 0 \tag{6.15}$$

式中，W_i 为权函数。

采用伽辽金方法在空间域取权函数 W_i 等于形函数 N_i，代入式（6.15），得

$$\iiint\limits_{\Omega} N_i \Big[\Big(\frac{\partial^2 T}{\partial x^2} + \frac{\partial^2 T}{\partial y^2} + \frac{\partial^2 T}{\partial z^2} \Big) - \frac{1}{\alpha} \Big(\frac{q_V}{\lambda} - \frac{\partial T}{\partial t} \Big) \Big] \mathrm{d}x\mathrm{d}y\mathrm{d}z = 0 \qquad (6.16)$$

对式（6.16）进行分部积分得

$$\iiint\limits_{\Omega} \Big\{ \Big(\frac{\partial T}{\partial x} \frac{\partial N_i}{\partial x} + \frac{\partial T}{\partial y} \frac{\partial N_i}{\partial y} + \frac{\partial T}{\partial z} \frac{\partial N_i}{\partial z} \Big) - \frac{N_i}{\alpha} \Big[\frac{q_V}{\lambda} - \frac{\partial T}{\partial t} \Big] \Big\} \mathrm{d}x\mathrm{d}y\mathrm{d}z - \iint\limits_{s} \frac{\partial T}{\partial n} N_i \mathrm{d}s = 0$$

$$(6.17)$$

将空间域离散为有限个单元体，单元内各点的温度可以近似地用单元的节点温度插值得到

$$T(x,y,z,t) = \sum_{i=1}^{n_e} N_i T_i = \boldsymbol{H} \boldsymbol{T}^e$$

式中，T_i 为节点温度，n_e 是每个单元的节点个数，N_i 是 c_0 的插值函数，具有下述性质

$$N_i(x_j,x_j) = \begin{cases} 1 & (j=i) \\ 0 & (j\neq i) \end{cases}, \quad \sum N_i = 1$$

由于

$$\begin{cases} \dfrac{\partial T}{\partial t} = \displaystyle\sum_{i=1}^{n_e} \Big[N_i \dfrac{\partial T_i}{\partial t} \Big] = \boldsymbol{N} \dfrac{\partial \boldsymbol{T}^e}{\partial t} \\[2mm] \dfrac{\partial T}{\partial x} = \displaystyle\sum_{i=1}^{n_e} \Big[\dfrac{\partial N_i}{\partial x} T_i \Big] \\[2mm] \dfrac{\partial T}{\partial y} = \displaystyle\sum_{i=1}^{n_e} \Big[\dfrac{\partial N_i}{\partial y} T_i \Big] \\[2mm] \dfrac{\partial T}{\partial z} = \displaystyle\sum_{i=1}^{n_e} \Big[\dfrac{\partial N_i}{\partial z} T_i \Big] \end{cases}, \quad \begin{Bmatrix} \dfrac{\partial T}{\partial x} \\[2mm] \dfrac{\partial T}{\partial y} \\[2mm] \dfrac{\partial T}{\partial z} \end{Bmatrix} = \boldsymbol{B}_t \boldsymbol{T}^e$$

将式（6.17）写成矩阵形式

$$\iiint\limits_{\Omega} \boldsymbol{B}_t^{\mathrm{T}} \boldsymbol{B}_t \boldsymbol{T}^e \mathrm{d}x\mathrm{d}y\mathrm{d}z - \iiint\limits_{\Omega} \frac{1}{\alpha} \boldsymbol{N}^{\mathrm{T}} \frac{q_V}{\lambda} \mathrm{d}x\mathrm{d}y\mathrm{d}z + \iiint\limits_{\Omega} \frac{1}{\alpha} \boldsymbol{N}^{\mathrm{T}} \boldsymbol{N} \frac{\partial \boldsymbol{T}^e}{\partial t} \mathrm{d}x\mathrm{d}y\mathrm{d}z - \iint\limits_{S} \boldsymbol{N}^{\mathrm{T}} \frac{\partial T}{\partial n} \mathrm{d}s = 0$$

对所有单元求和，并计入边界条件 $\dfrac{\partial T}{\partial n} = -\dfrac{\beta}{\lambda}(T - T_a)$，得

$$\sum_e \Big(\iiint\limits_{\Omega} \boldsymbol{B}_t^{\mathrm{T}} \boldsymbol{B}_t \mathrm{d}x\mathrm{d}y\mathrm{d}z + \frac{\beta}{\lambda} \iint\limits_{s} \boldsymbol{N}^{\mathrm{T}} \boldsymbol{N} \mathrm{d}s \Big) \boldsymbol{T}^e + \sum_e \Big(\iiint\limits_{\Omega} \frac{1}{\alpha} \boldsymbol{N}^{\mathrm{T}} \boldsymbol{N} \mathrm{d}x\mathrm{d}y\mathrm{d}z \Big) \frac{\partial \boldsymbol{T}^e}{\partial t} - $$

$$\sum_e \Big(\iiint\limits_{\Omega} \frac{1}{\alpha} \boldsymbol{N}^{\mathrm{T}} \frac{q_V}{\lambda} \mathrm{d}x\mathrm{d}y\mathrm{d}z \Big) - \sum_e \Big(\frac{\beta T_a}{\lambda} \iint\limits_{s} \boldsymbol{N}^{\mathrm{T}} \mathrm{d}s \Big) = 0 \qquad (6.18)$$

令

$$R = \sum_e r^e = \sum_e \left(\iiint\limits_{\Omega} \boldsymbol{B}_t^{\mathrm{T}} \boldsymbol{B}_t \mathrm{d}x\mathrm{d}y\mathrm{d}z + \frac{\beta}{\lambda} \iint\limits_{s} \boldsymbol{N}^{\mathrm{T}} \boldsymbol{N} \mathrm{d}s \right)$$

$$S = \sum_e s^e = \sum_e \left(\iiint\limits_{\Omega} \frac{1}{\alpha} \boldsymbol{N}^{\mathrm{T}} \boldsymbol{N} \mathrm{d}x\mathrm{d}y\mathrm{d}z \right)$$

$$P = \sum_e \left(\iiint\limits_{\Omega} \frac{1}{\alpha} \boldsymbol{N}^{\mathrm{T}} \frac{q_V}{\lambda} \mathrm{d}x\mathrm{d}y\mathrm{d}z + \frac{\beta T_a}{\lambda} \iint\limits_{s} \boldsymbol{N}^{\mathrm{T}} \mathrm{d}s \right)$$

按照一般的有限元格式，由式（6.18）可以得到岩体热传导问题的有限元离散方程

$$\boldsymbol{R} \boldsymbol{T}_r + \boldsymbol{S} \frac{\partial \boldsymbol{T}_r}{\partial t} = \boldsymbol{P} \tag{6.19}$$

式中，$\boldsymbol{R}$ 为热传导矩阵；$\boldsymbol{S}$ 为热容矩阵；$\boldsymbol{T}_r$ 为温度列矩阵；$\boldsymbol{P}$ 为温度载荷列阵。

对时间项可取隐式有限差分，则式（6.19）可变为

$$\left(\boldsymbol{R} + \frac{1}{\Delta t} \boldsymbol{S} \right) \boldsymbol{T}_{r(t+\Delta t)} - \frac{1}{\Delta t} \boldsymbol{S} \boldsymbol{T}_{r(t)} = \boldsymbol{P}$$

这就是最后求解的非稳定温度场线性方程组。

（2）考虑渗流影响的岩体温度场的离散

根据原位监测数据分析，地下水在深部裂隙岩体中渗流时，渗透速度非常小。同时，地下水流的渗透速度随空间的变化率也非常小，变化不大，因此，在计算时 $\partial v_i / \partial x_i \approx 0$，式（6.14）变为

$$c\gamma \frac{\partial T}{\partial t} = \lambda \left(\frac{\partial^2 T}{\partial x^2} + \frac{\partial^2 T}{\partial y^2} + \frac{\partial^2 T}{\partial z^2} \right) - c_w \gamma_w \left(v_x \frac{\partial T}{\partial x} + v_y \frac{\partial T}{\partial y} + v_z \frac{\partial T}{\partial z} \right) + Q_{\mathrm{T}} \tag{6.20}$$

根据变分原理，采用 Galerkin 加权余量法，式（6.34）变为

$$\lambda \iiint\limits_{\Omega} \left(\frac{\partial^2 T}{\partial x^2} + \frac{\partial^2 T}{\partial y^2} + \frac{\partial^2 T}{\partial z^2} \right) \delta T \mathrm{d}x\mathrm{d}y\mathrm{d}z - c_w \gamma_w \iiint\limits_{\Omega} \left(v_x \frac{\partial T}{\partial x} + v_y \frac{\partial T}{\partial y} + v_z \frac{\partial T}{\partial z} \right) + Q_{\mathrm{T}}$$

$$= c\gamma \iiint\limits_{\Omega} \frac{\partial T}{\partial t} \delta T \mathrm{d}x\mathrm{d}y\mathrm{d}z \tag{6.21}$$

利用分部积分对式（6.21）进行化简，各项变为

$$\lambda \iiint\limits_{\Omega} \left(\frac{\partial^2 T}{\partial x^2} + \frac{\partial^2 T}{\partial y^2} + \frac{\partial^2 T}{\partial z^2} \right) \delta T \mathrm{d}x\mathrm{d}y\mathrm{d}z$$

$$= \lambda \iint\limits_{s} T \frac{\partial T}{\partial n} \mathrm{d}s - \lambda \iiint\limits_{\Omega} \left[\frac{\partial T}{\partial x} \delta \left(\frac{\partial T}{\partial x} \right) + \frac{\partial T}{\partial y} \delta \left(\frac{\partial T}{\partial y} \right) + \frac{\partial T}{\partial z} \delta \left(\frac{\partial T}{\partial z} \right) \right] \mathrm{d}x\mathrm{d}y\mathrm{d}z$$

$$= \{\delta \boldsymbol{T}\}^{\mathrm{T}} \boldsymbol{F}_0 - \{\delta \boldsymbol{T}\}^{\mathrm{T}} \boldsymbol{H}_0 \boldsymbol{T}$$

$$c\gamma \iiint\limits_{\Omega} \frac{\partial T}{\partial t} \delta T \mathrm{d}x\mathrm{d}y\mathrm{d}z = c\gamma \iiint\limits_{\Omega} \boldsymbol{N}^{\mathrm{T}} \left\{ \frac{\partial T}{\partial t} \right\} \boldsymbol{N} \{\delta \boldsymbol{T}\}^{\mathrm{T}} \mathrm{d}x\mathrm{d}y\mathrm{d}z = \{\delta \boldsymbol{T}\}^{\mathrm{T}} \boldsymbol{G} \left\{ \frac{\partial T}{\partial t} \right\}$$

$$c_w \gamma_w \iiint\limits_{\Omega} v_x \frac{\partial T}{\partial x} \delta T \mathrm{d}x\mathrm{d}y\mathrm{d}z = c_w \gamma_w v_x \iiint\limits_{\Omega} \left[\frac{\partial \boldsymbol{N}}{\partial x} \right] \boldsymbol{T} \boldsymbol{N} \delta \boldsymbol{T} \mathrm{d}x\mathrm{d}y\mathrm{d}z = \{\delta \boldsymbol{T}\}^{\mathrm{T}} \boldsymbol{H}_x \boldsymbol{T}$$

同理

$$c_w \gamma_w \iiint_\Omega v_y \frac{\partial T}{\partial y} \delta T \mathrm{d}x\mathrm{d}y\mathrm{d}z = \{\boldsymbol{\delta T}\}^\mathrm{T} \boldsymbol{H_y T} \qquad (6.22)$$

$$c_w \gamma_w \iiint_\Omega v_z \frac{\partial T}{\partial z} \delta T \mathrm{d}x\mathrm{d}y\mathrm{d}z = \{\boldsymbol{\delta T}\}^\mathrm{T} \boldsymbol{H_z T} \qquad (6.23)$$

将以上各式代入式(6.21),得

$$\{\boldsymbol{\delta T}\}^\mathrm{T} \boldsymbol{F}_0 - \{\boldsymbol{\delta T}\}^\mathrm{T} \boldsymbol{H}_0 \boldsymbol{T} - \{\boldsymbol{\delta T}\}^\mathrm{T} \boldsymbol{H_x T} - \{\boldsymbol{\delta T}\}^\mathrm{T} \boldsymbol{H_y T} - \{\boldsymbol{\delta T}\}^\mathrm{T} \boldsymbol{H_z T} + Q_\mathrm{T} = \{\boldsymbol{\delta T}\}^\mathrm{T} \boldsymbol{G} \left\{ \frac{\partial T}{\partial t} \right\}$$

由此得出方程组的解

$$\boldsymbol{G} \left\{ \frac{\partial T}{\partial t} \right\} + \boldsymbol{H_x} + \boldsymbol{H_y} + \boldsymbol{H_z} + \boldsymbol{H}_0 \boldsymbol{T} + (-\boldsymbol{F}_0 - \boldsymbol{Q}) = 0$$

按照一般的有限元格式,得到考虑渗流的岩体热传导问题的有限元离散方程

$$\boldsymbol{G} \left\{ \frac{\partial T}{\partial t} \right\} + \boldsymbol{HT} + \boldsymbol{F} = 0$$

5. 裂隙水流温度场分析

对于水流温度场而言,其研究区域为水流所在区域。从研究热力学方程出发,选取直角坐标系,在裂隙水流中选取一个空间无限小各向同性的六面体,如图 6.3 所示。假设坐标轴方向与主渗透方向一致,六面体边长分别为 $\mathrm{d}x$,$\mathrm{d}y$,$\mathrm{d}z$,且与坐标轴平行,作为平衡单元体,则在 $\mathrm{d}t$ 时间内引起单元体内温度变化的作用主要有:① 热量随水质点一起运移的对流作用;② 水流的热传导作用;③ 岩体与水流之间的热量交换。

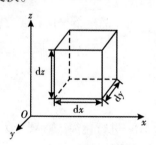

图 6.3 热量运移单元体示意图

(1)对流作用

由于水流运动,单元体沿坐标方向单位面积上的热对流量 Q_1 为

$$Q_1 = -c_w \gamma_w \cdot \nabla(v_i \cdot T_w) \qquad (6.24)$$

(2)热传导作用

由于热传导作用,单元体沿坐标方向单位面积上的热流量 Q_2 为

$$Q_2 = \lambda_w \nabla^2 T_w \qquad (6.25)$$

(3)岩块与水流之间的热量交换

假设岩块的温度为 T_r,则岩块与水介质之间的热交换量与 ($T_r - T_w$) 成正

比，并与两者之间的接触面积成正比。故可得由于岩块与水流之间的热量交换而进入单元体单位面积上水流的热量 Q_3 为

$$Q_3 = \frac{\lambda_r}{\delta}(T_r - T_w) \tag{6.26}$$

式中，λ_r 为岩石的热传导系数；δ 为裂隙宽度的一半。

根据能量守恒定律，单元体内水流与外界发生的热交换（水流之间的热对流、热传导及与岩块之间的热量交换）应该等于单元体内水流温度的变化，可得

$$Q_1 + Q_2 + Q_3 = \gamma_w c_w \frac{\partial T_w}{\partial t} \tag{6.27}$$

将式(6.44)、式(6.45)及式(6.46)代入式(6.47)，可得

$$\lambda_w \nabla^2 T_w - c_w \gamma_w \cdot \nabla(v_i \cdot T_w) + \frac{\lambda_r}{\delta}(T_r - T_w) = \gamma_w c_w = \frac{\partial T_w}{\partial t} \tag{6.28}$$

裂隙水流服从达西定律，即

$$v_i = K_f \nabla H \tag{6.29}$$

将式(6.29)代入式(6.28)，得

$$\lambda_w \nabla^2 T_w - c_w \gamma_w \cdot \nabla(K_f T_w \cdot \nabla H_w) + \frac{\lambda_r}{\delta}(T_r - T_w) = \gamma_w c_w \frac{\partial T_w}{\partial t}$$

假设压力水头是坐标的线性函数，所以忽略压力水头 H 的高阶项，将式(6.23)化简，最终可得

$$\lambda_w \left(\frac{\partial^2 T_w}{\partial x^2} + \frac{\partial^2 T_w}{\partial y^2} + \frac{\partial^2 T_w}{\partial z^2} \right) - c_w \gamma_w k_f \left(\frac{\delta H}{\delta x} \frac{\delta T_w}{\delta x} + \frac{\delta H}{\delta y} \frac{\delta T_w}{\delta y} + \frac{\delta H}{\delta z} \frac{\delta T_w}{\delta z} \right) +$$

$$\frac{\lambda_r}{\delta}(T_r - T_w) + Q_w = \gamma_w c_w \frac{\partial T_w}{\partial t} \tag{6.30}$$

式中，Q_w 为水流温度场的源（汇）项。

式（6.30）描述了裂隙内水流的热量传递过程，成为裂隙水流的温度场控制方程。

6. 裂隙水温度场控制方程的离散

当水流温度场的源（汇）项 $Q_w = 0$ 时，运用 Galerkin 有限元 C_n 型插值函数建立有限元格式，写成方便求解的矩阵形式为

$$\sum_e \int_{\Omega^e} \lambda_w \cdot \left[\left(\frac{\partial N}{\partial x} \right)^T \frac{\partial N}{\partial x} + \left(\frac{\partial N}{\partial y} \right)^T \frac{\partial N}{\partial y} + \left(\frac{\partial N}{\partial z} \right)^T \frac{\partial N}{\partial z} \right] \cdot T_w^e \cdot d\Omega +$$

$$\sum_e \int_{\Omega^e} c_w \rho_w K_f \cdot N^T \cdot \left[\frac{\partial N}{\partial x} \cdot \frac{\partial H}{\partial x} + \frac{\partial N}{\partial y} \cdot \frac{\partial N}{\partial y} + \frac{\partial N}{\partial z} \cdot \frac{\partial N}{\partial z} \right] \cdot T_w^e \cdot d\Omega - \tag{6.31}$$

$$\sum_e \int_{\Omega^e} N^T \cdot \frac{\lambda_r}{\delta}(T_r - T_w) d\Omega + \sum_e \int_{\Omega^e} N^T \cdot \gamma_w \cdot c_w \cdot N \cdot \frac{\partial T_w^e}{\partial t} d\Omega = 0$$

按照一般的有限元格式，由式（6.31）可以得到裂隙水流温度场的有限元离散方程

$$RT_w + S\frac{\partial T_w}{\partial t} = P$$

式中，R 为热传导矩阵；S 为热容矩阵；T_w 为温度列矩阵；P 为温度载荷列阵。

对时间的离散采用差分的形式，即

$$\frac{\partial T_w}{\partial t} = \frac{T(t+\Delta t) - T(t)}{\Delta t}$$

矩阵 R，S，P 的元素由单元相应的矩阵元素集成，单元矩阵元素由下列各式给出

$$R_{ij}^e = \int_{\Omega^e} \lambda_w \cdot \left(\frac{\partial N_i}{\partial x}\frac{\partial N_j}{\partial x} + \frac{\partial N_i}{\partial y}\frac{\partial N_j}{\partial y} + \frac{\partial N_i}{\partial z}\frac{\partial N_j}{\partial z} \right)\mathrm{d}\Omega +$$

$$\int_{\Omega^e} c_w \cdot \gamma_w \cdot K_f \cdot N_j \left(\frac{\partial N_i}{\partial x}\frac{\partial H}{\partial x} + \frac{\partial N_i}{\partial y}\frac{\partial H}{\partial y} + \frac{\partial N_i}{\partial z}\frac{\partial H}{\partial z} \right)$$

$$S_{ij}^e = \int_{\Omega^e} c_w \cdot \gamma_w \cdot N_i \cdot N_j \mathrm{d}\Omega$$

$$P_i^e = \int_{\Omega^e} N_i \cdot \frac{\lambda_r}{\delta}(T_r - T_w(t))\mathrm{d}\Omega$$

第三节　渗流作用下裂隙岩体温度场的数值模拟

1. 温度场初始条件和边界条件

（1）岩体温度场定界条件

岩体的热传导方程（6.13）建立了岩体的温度与时间、空间的关系，但满足热传导方程的解有无限多，为了确定唯一的温度场，还必须知道初始条件和边界条件。

① 初始条件。温度场问题的初始条件，即 $t=0$ 时刻 T_r 的值，可以是一个定值，也可以是空间函数。

或

$$T_r\big|_{t=0} = T_0$$
$$T_r\big|_{t=0} = T_0(x, y, z)$$

② 边界条件。边界条件即岩块表面与周围流体介质相互作用的规律，常用的有以下三种形式。

第一类边界条件：岩块表面温度 T_r 为已知

$$T_r\big|_{S_1(x,y,z,t)} = T_1$$

第二类边界条件：岩块表面的热流密度 q 为已知，即

$$-\lambda_r \frac{\partial T_r}{\partial n}\bigg|_{S_2(x,y,z,t)} = q$$

式中，n 为表面外法线方向。若表面是绝热的，则有

$$\frac{\partial T_r}{\partial n} = 0 \qquad\qquad (6.32)$$

第三类边界条件：经过岩块表面的热流量与岩块表面温度 T_r 和其周围流体温度 T_w 之差成正比，即

$$-\lambda_r \frac{\partial T_r}{\partial n}\bigg|_{S_3(x,y,z,t)} = \beta(T_r - T_w) \qquad\qquad (6.33)$$

式中，β 为介质表面的放热系数。

当表面放热系数 β 趋于无限大时，$T_r = T_w$，转化为第一类边界条件；当表面放热系数 $\beta = 0$ 时，$\frac{\partial T_r}{\partial n} = 0$，又转化为绝热边界条件。

（2）裂隙水流温度场定界条件

裂隙水流温度场的定界条件分为初始条件和边界条件。

① 初始条件。非稳定水流温度场问题的初始条件，即 $t = 0$ 时刻 T_w 的值，可以是一个定值，也可以是空间函数，即

$$T_w\big|_{t=0} = T_{w0}$$

或

$$T_w\big|_{t=0} = T_{w0}(x,\ y,\ z)$$

② 边界条件。已知某处的温度 T_w 的情况

$$T_w\big|_{S_1(x,y,z,t)} = T_0$$

边界面上的水流热流量边界条件（边界面上水流法向热流量）

$$-\lambda_w \frac{\partial T_w}{\partial n}\bigg|_{S(x,y,z,t)} = \beta(T_r - T_w)$$

（3）渗流的定界条件

① 初始条件。非稳定水流渗流场问题的初始条件，即 $t = 0$ 时刻 H 的值，可以是一个定值，也可以是空间函数，即

$$H\big|_{t=0} = H_0$$

或

$$H\big|_{t=0} = H_0(x,\ y,\ z)$$

② 边界条件。第一类边界条件（Dirichlet 条件），边界上的水头分布条件为已知

$$H(x,\ y,\ z,\ t)\big|_{S_1} = \varphi_1(x,\ y,\ z,\ t)$$

第二类边界条件（Neumann 条件），边界上的流量为已知

$$K \cdot \frac{\partial H}{\partial t}\Big|_{S_2} = q_1(x, y, z, t)$$

（4）耦合边界条件

岩块与流体的交界面是耦合界面，在非连续岩的计算区域内，裂隙水流温度场与岩块温度场是耦合在一起的，需要同时满足耦合面上的连续性边界条件

$$T_w = T_r$$

$$\lambda_r \frac{\partial T_r}{\partial n}\Big|_{rock} = \lambda_w \frac{\partial T_w}{\partial n}\Big|_{water}$$

2. 渗流作用下采动岩体传热数学模型

联立式（6.7）、式（6.9）和式（6.30）这三个方程，再加上初始条件和边界条件，得渗流影响下采动岩体传热数学模型为

$$
\left.
\begin{aligned}
&K\left(\frac{\partial^2 H}{\partial x^2} + \frac{\partial^2 H}{\partial y^2} + \frac{\partial^2 H}{\partial z^2}\right) + D_T\left(\frac{\partial^2 T_w}{\partial x^2} + \frac{\partial^2 T_w}{\partial y^2} + \frac{\partial^2 T_w}{\partial z^2}\right) + Q_H = S_r \frac{\partial H}{\partial t} \\
&\lambda_w\left(\frac{\partial^2 T_w}{\partial x^2} + \frac{\partial^2 T_w}{\partial y^2} + \frac{\partial^2 T_w}{\partial z^2}\right) - c_w \gamma_w K_f\left(\frac{\partial H}{\partial x}\frac{\partial T_w}{\partial x} + \frac{\partial H}{\partial y}\frac{\partial T_w}{\partial y} + \frac{\partial H}{\partial z}\frac{\partial T_w}{\partial z}\right) + \\
&\frac{\lambda_r}{\delta}(T_r - T_w) + Q_w = \gamma_w c_w \frac{\partial T_w}{\partial t} \qquad\qquad on\ \Omega \\
&\alpha\left(\frac{\partial^2 T}{\partial x^2} + \frac{\partial^2 T}{\partial y^2} + \frac{\partial^2 T}{\partial z^2}\right) + \frac{q_V}{c\gamma} = \frac{\partial T}{\partial t} \qquad （未考虑渗流时） \\
&或\ c\gamma\frac{\partial T}{\partial t} = \frac{\partial}{\partial x}\left(\lambda\frac{\partial T}{\partial x}\right) + \frac{\partial}{\partial y}\left(\lambda\frac{\partial T}{\partial y}\right) + \frac{\partial}{\partial z}\left(\lambda\frac{\partial T}{\partial z}\right) \\
&- c_w \gamma_w\left[\frac{\partial(v_x T)}{\partial x} + \frac{\partial(v_y T)}{\partial y} + \frac{\partial(v_z T)}{\partial z}\right] + Q_T \qquad （考虑渗流时） \\
&T(x, t, z, t)\big|_{S_1} = T_1,\ H(x, y, z, t)\big|_{S_1} = H_1 \qquad on\ S_1 \\
&-\lambda\frac{\partial T}{\partial n}\Big|_{S_2} = q_T,\ K \cdot \frac{\partial H}{\partial t}\Big|_{S_2} = q_H \qquad on\ S_2 \\
&-\lambda\frac{\partial T}{\partial n}\Big|_{S_3} = \beta(T_r - T_w) \qquad on\ S_3 \\
&\lambda_r\frac{\partial T_r}{\partial n}\Big|_r = \lambda_w\frac{\partial T_w}{\partial n}\Big|_w,\ T_w = T_r
\end{aligned}
\right\} \qquad (6.34)
$$

$$T(x, y, z, o) = T_0,\ H(x, y, z, o) = H_0$$

式中各个参数的意义同前。

3. 模型求解

物理场的耦合有弱耦合和强耦合之分，两种方式的耦合在求解问题时是不同

的，弱耦合又称顺序耦合或间接耦合，它按将两个或多个按一定顺序排列的物理场进行分析，即将前一个物理场分析结果作为已知量施加到第二个物理场分析中的方式进行耦合，适用于多场的非线性程度不是很高的情况；强耦合又称为直接耦合，它适用于多场之间存在高度非线性相互作用的情况，使用包含多场自由度的耦合单元进行直接计算，同时求解多场的未知变量。

温度场与渗流场的耦合问题中，两场相互作用包含渗流引起对流传热，它们是强耦合关系。强耦合模型的求解较为复杂，需推导耦合问题的总的刚度矩阵表达式，在每个单元节点设定三个未知数，这是个高度非线性问题，求解时需占用较多的计算机资源。本书采用数值迭代法进行求解，其基本思想是将时间离散，非线性的微分方程均退化为线性方程，在各个时间段内只求解稳态的温度场渗流场耦合方程组。只要时间步阶足够小，就可以近似地模拟瞬态耦合过程。

通过前面分析，求解式（6.34）的精确解显然是不可能的。按非连续介质，采用有限元方法对裂隙岩体渗流场与温度场耦合分析的数学模型进行求解，其步骤如下。

① 假定初始温度分布，并假定区域内温度梯度为零。

② 根据渗流边界条件和初始条件，采用有限元方法求解式（6.4），得到 Δt 时刻各点水头分布 $H(x, y, z, t)$。

③ 由 $H(x, y, z, t)$，按达西定律求解渗流速度场 $v_0(x, y, z, t)$。

④ 将求出的 $v_0(x, y, z, t)$ 代入到式（6.29）和式（6.30）中，按有限元方法求解温度场，求解 Δt 时刻的温度分布 $T_w(x, y, z, t)$。

⑤ 将水流温度场 $T_w(x, y, z, t)$ 代入式（6.26）（或考虑渗流时代入式（6.14）），按有限元方法求解岩块温度场 $T(x, y, z, t)$。

⑥ 将水流温度场分布 $T_w(x, y, z, t)$ 代入式（6.4），按有限元方法求解渗流场，求得水头分布 $H_1(x, y, z, t)$。

⑦ 重复步骤③~⑥，直到满足如下精度要求

$$\begin{cases} |H_n(x, y, z, t) - H_{n-1}(x, y, z, t)| \leqslant \varepsilon_H \\ |T_{w(n)}(x, y, z, t) - T_{w(n-1)}(x, y, z, t)| \leqslant \varepsilon_{T_w} \\ |T_n(x, y, z, t) - T_{n-1}(x, y, z, t)| \leqslant \varepsilon_T \end{cases}$$

式中，$T_n(x, y, z, t)$，$T_{w(n)}(x, y, z, t)$ 和 $H_n(x, y, z, t)$ 分别为第 n 次迭代求得的岩块温度场分布、水流温度场分布和渗流场水头分布；$T_{n-1}(x, y, z, t)$、$T_{w(n-1)}(x, y, z, t)$ 和 $H_{n-1}(x, y, z, t)$ 分别为第 $n-1$ 次迭代求得的岩块温度场分布、水流温度场分布和渗流场水头分布；ε_T，ε_{T_w} 和 ε_H 分别为岩块温度、水流温度和水头的求解精度。

⑧ 将此时各物理量作为下一时间步阶初值，重复以上步骤，可得到下一时刻温度场和渗流场的分布。

本书选择有限元软件中的达西定律（压力水头分析）和对流传热两个模块作为基础模型来求解温度场与渗流场耦合问题，当然在两组偏微分方程之间还需定义很多交叉耦合项。有限元软件默认的微分方程还不能解决该耦合问题，本书对方程式系数也做了相应的修改。

有限元软件定义的温度场和渗流场控制方程分别为

$$S \frac{\partial H_p}{\partial t} + \nabla \cdot \left[-K\nabla(H_p + D) \right] = Q_S$$

$$c_p\rho \frac{\partial T}{\partial t} + \nabla \cdot (-k\nabla T) = Q - c_p\rho u \cdot \nabla T \qquad (6.35)$$

式中，Q_S，Q 分别为渗流场与温度场的源（汇）项；u 为流速矢量，可通过达西定律由压力水头分布得到。

由于温度差引起了流体的流动，带来了流体流量，相当于在系统内部存在热源，那么对偏微分方程的源（汇）项作如下修改。

$$Q = -d(-D_T \times T_x, T_x) - d(-D_T \times T_y, T_y) - d(-D_T \times T_z, T_z)$$

D_T 为温差作用下的水流扩散率。

对比式（6.30）和式（6.35）及有限元软件中方程式系统中的各个参数，需对有限元软件中的对流系数进行修改，具体做法是修改 Physics →Equation System →Subdomain Setting 中的 β 项为

$$\mathrm{rho\_ T\_ cc * C\_ T\_ cc * u\_ esdl * d(T, x)}$$
$$\mathrm{rho\_ T\_ cc * C\_ T\_ cc * v\_ esdl * d (T, y)}$$
$$\mathrm{rho\_ T\_ cc * C\_ T\_ cc * w\_ esdl * d(T, z)}$$

通过以上改动，就建立了渗流场影响下的温度场控制方程。另外在 Opition →Constants 中写入常数关系式。

借助前述人机交换过程，能够解决此类耦合问题。在这些问题被正确定义出来之后，有限元数值软件将先把渗流场控制方程和温度场控制方程结合在一起，转换成一个统一的通式形式的微分方程，然后统一求解这个总的通式形式的微分方程，采用数值迭代法计算渗流场和温度场，从而实现了双场的耦合求解，求解结果可以通过后处理用多种方式来表达，如等势线、流线、矢量图及动画等。

4. 裂隙岩体温度场的流热耦合分析

（1）渗流作用下裂隙岩体的稳定温度场数学模型

由于渗流作用下采动岩体瞬态温度场问题的求解困难，为了便于说明问题，

这里只讨论稳态问题，因此式（6.7）、式（6.12）、式（6.22）中含时间的部分均可省略。对于无源（汇）项的稳态问题，其数学模型有如下形式

$$\begin{cases} K\left(\dfrac{\partial^2 H}{\partial x^2} + \dfrac{\partial^2 H}{\partial y^2} + \dfrac{\partial^2 H}{\partial z^2}\right) + D_\mathrm{T}\left(\dfrac{\partial^2 T_\mathrm{w}}{\partial x^2} + \dfrac{\partial^2 T_\mathrm{w}}{\partial y^2} + \dfrac{\partial^2 T_\mathrm{w}}{\partial z^2}\right) = 0 \\[2mm] \lambda_\mathrm{w}\left(\dfrac{\partial^2 T_\mathrm{w}}{\partial x^2} + \dfrac{\partial^2 T_\mathrm{w}}{\partial y^2} + \dfrac{\partial^2 T_\mathrm{w}}{\partial z^2}\right) - c_\mathrm{w}\rho_\mathrm{w}K_\mathrm{f}\left(\dfrac{\partial H}{\partial x}\dfrac{\partial T_\mathrm{w}}{\partial x} + \dfrac{\partial H}{\partial y}\dfrac{\partial T_\mathrm{w}}{\partial y} + \dfrac{\partial H}{\partial z}\dfrac{\partial T_\mathrm{w}}{\partial z}\right) + \dfrac{\lambda_\mathrm{r}}{\delta}(T_\mathrm{r} - T_\mathrm{w}) = 0 \\[2mm] \dfrac{\partial^2 T_\mathrm{r}}{\partial x^2} + \dfrac{\partial^2 T_\mathrm{r}}{\partial y^2} + \dfrac{\partial^2 T_\mathrm{r}}{\partial z^2} = 0 \\[2mm] 或\ \dfrac{\partial}{\partial x}\left(\lambda\dfrac{\partial T}{\partial x}\right) + \dfrac{\partial}{\partial y}\left(\lambda\dfrac{\partial T}{\partial y}\right) + \dfrac{\partial}{\partial z}\left(\lambda\dfrac{\partial T}{\partial z}\right) - c_\mathrm{w}\rho_\mathrm{w}\left|\dfrac{\partial(v_x T)}{\partial x} + \dfrac{\partial(v_y T)}{\partial y} + \dfrac{\partial(v_z T)}{\partial z}\right| = 0 \end{cases}$$

结合相应的边界条件和初始条件，采用迭代法可以进行模型的求解。

（2）耦合计算

为了使计算模型从规模、结构上能够符合实际情况，在满足设计提出的各种计算要求基础上，需对计算模型设计的水文地质和工程地质等基础资料进行深入而细致的分析，其模型定义如下。

① 计算网格图。以潘西煤矿为例，潘西煤矿的基本构造形态属简单的单斜构造，局部存在大的断裂带，断裂带内部存在各种裂隙，使岩体内部的渗透性增强。基于以上地质条件及水文条件，选取模型尺寸 10m×10m×10m，断裂带上下边界宽1m，倾角与水平方向的夹角为84.29°。采用四节点四面体单元进行网格剖分，共剖分为9203个节点，49072个四面体单元，实体单元网格剖分如图6.4所示。

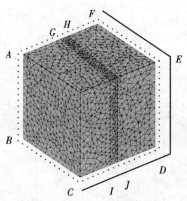

图6.4　实体单元网格剖分图

② 计算参数。计算中所用到的计算参数和数据见表6.1。

表6.1	计算参数	
参数名称	取 值	单 位
水的比热容	4182	J/(kg·K)
水的密度	1000	kg/m³
水的导热系数	0.68	W/(m·K)
水的黏度	0.001	Pa·s
岩体的密度	2650	kg/m³
岩体的比热容	690	J/(kg·K)
岩体的导热系数	2.035	W/(m·K)
渗透性系数	1.15×10^{-9}	m/s
温差水流扩散率	1.03×10^{-11}	m²/(s·K)

③ 边界条件和初始条件。如图 6.4 所示，渗流边界条件为：断裂带上边界 $H_{GH面}=200$m，下边界 $H_{IJ面}=140$m，GI，HJ，IJ，GH 断面为零通量断面（$q=0$）。温度边界条件为：上边界由温度梯度计算出热流边界条件，热流密度 $q=-0.038665$W/m²，GH 断面温度为 20℃，下边界 BCI 和 JD 断面为给定温度边界，$T_{BCI}=T_{JD断面}=45$℃，四周及 IJ 断面为对流通量边界条件。

初始条件渗流场水头取零，渗透水流初始温度取 18℃，岩温的初始温度场取 31.5℃。

④ 求解方法。选取有限软件对数学模型进行求解。选取有限元软件中的达西定律模块和对流与热传导模块，把对流传导的流速项设为渗流场的速度。按式（6.32）和式（6.33）修改模型，设定求解稳态问题，再输入相应的边界条件和初始条件后即可以运算。

（3）耦合计算结果分析

岩体等温面分布和渗流对温度矢量分布的影响分别如图 6.5 和图 6.6 所示。

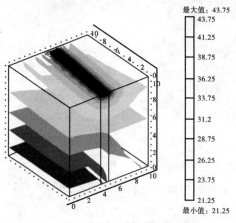

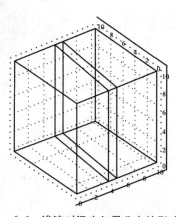

图6.5　岩体等温面分布　　　　　6.6　渗流对温度矢量分布的影响

从图 6.5 和图 6.6 可以看出，潘西煤矿的深部围岩断裂带内存在各种裂隙及破碎的岩石，地下水流在裂隙中沿 z 方向流动，由于地下水流的温度低于岩体的温度，因此岩体的温度传递给水流，使水流的温度在流动方向上逐渐升高，进而改变了岩体温度场的分布。通过水流与围岩的热对流交换，在下边界的左侧，水流的温度近似于岩体的温度，在给定的范围内热量达到了平衡状态。在渗流初期，温度矢量沿渗流方向向两侧岩体方向流动，由于两侧岩体的渗透性系数低于断裂带处的渗透性系数，右侧等温线及温度矢量方向逐渐向渗流方向移动，这表明渗流伴随着热迁移现象，使右侧等温面随着断层的倾角方向温度降低，相对低于右侧岩体的温度。因此，断裂带及地下水流的存在改变了岩体的原有温度场分布。

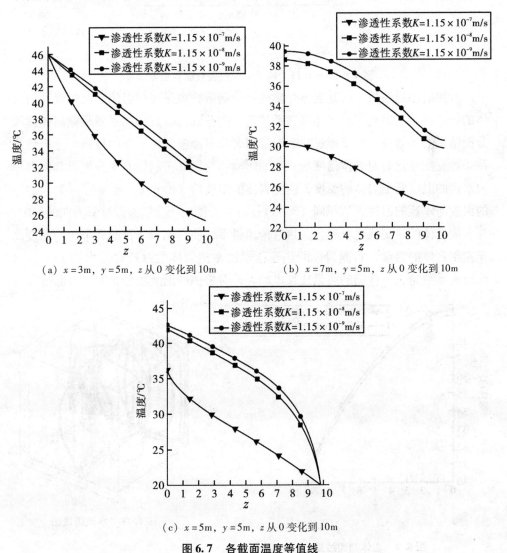

(a) $x=3$m, $y=5$m, z 从 0 变化到 10m

(b) $x=7$m, $y=5$m, z 从 0 变化到 10m

(c) $x=5$m, $y=5$m, z 从 0 变化到 10m

图 6.7　各截面温度等值线

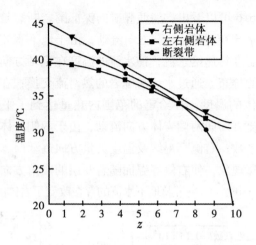

$x = 3$，5，$7m$，$y = 5m$，z 从 0 变化到 10m

图 6.8　$K = 1.15 \times 10^{-9}\,m/s$ 时各截面温度等值线

　　岩体的渗透系数不仅是岩体介质的特征函数，也是表征岩体介质中流动的流体的特征函数，因此裂隙岩体渗透系数选择的正确与否直接关系到裂隙岩体渗流分析结果的可靠性。本书通过对断裂带内裂隙水流渗透性系数的折减，分析渗透性系数发生变化时对岩体温度场分布的影响，对图 6.7 和图 6.8 分析可知，裂隙内水流的温度低于岩体的温度，两侧岩体的温度传递给水流，在 $z = 7m$ 处，岩体的温度与水流的温度大致相同（34℃）；右侧岩体由于受断裂带倾斜方向的影响，与右侧岩体的热交换比较充分，热量传递得多，使右侧岩体及断裂带内的温度高于左侧岩体的温度，右侧岩体的热迁移量比左侧岩体的热迁移量大约 13%；而渗透性系数越大，伴随的热量迁移也越大，对岩体的温度场分布的影响也越大。

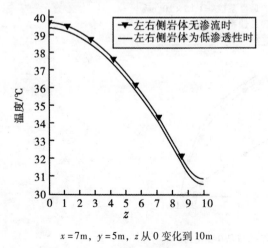

$x = 7m$，$y = 5m$，z 从 0 变化到 10m

图 6.9　岩体剖面线图

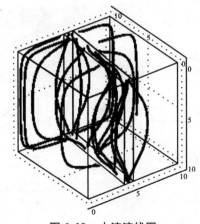

图 6.10　水流流线图

　　深部岩体由于受开采扰动的影响，使岩体内部存在一定的裂隙，特别对于内部存在大断裂带，周围的岩体受采动的影响，存在一定的渗透特性，因此在对实际问题进行分析时，应将岩体视为低渗透性介质，这里取断裂带左右侧岩体的渗透性系数 $K = 1.15 \times 10^{-11}$ m/s，比断裂带内的渗透性系数低两个数量级，来模拟渗流时的深部岩体的温度场分布，如图 6.9 和图 6.10 所示。

第七章　裂隙岩体的应力 – 温度耦合分析

　　在深部地下工程中，日益升高的温度场对岩体力学性质的影响、由于温度升高产生的附加热应力等因素在支护结构设计中往往是不容忽视的。此时，往往把温度场作为常量、力场作为变量，通过施加温度条件来实现对力场的计算。但是，如果研究流固耦合条件下裂隙岩体的温度场变化，研究对象就转变为在一定力场作用下的温度场演化问题。

　　从表面上来看，这仅仅是求解过程的转变，但对于温度对力场的作用，可以将由此产生的附加热应力理解为由于岩体骨架变形作用在支护结构上的附加力。如果将该问题转变为力场作用下的温度场问题，力场对温度场会起到怎样的作用，在力场作用下裂隙岩体的温度场是否具备某些特征就成为研究高温矿井岩体传热机理必须要解决的问题。

第一节　裂隙岩体的本构方程

　　1. 岩体的热弹性本构方程

　　法国的 J. M. C. Duhamel 和德国的 F. Neumann 在 19 世纪 30 年代末首次提出了线性热应力理论的概念。由该理论可知，物体在各种作用下的弹性变形的总位移和总应变等于外力作用下的弹性变形的位移和应变，以及变化温度引起的热变形的位移和应变叠加的代数和，Zienkiewicz 还认为由温度变化带来的热应变与其他力学效应基本无关。

　　本研究对象假定为热弹性情况，在弹性区域，应变可为两部分

$$\varepsilon_{ij} = \varepsilon_{ij}^e + \varepsilon_{ij}^T$$

式中，ε_{ij}^e 和 ε_{ij}^T 分别表示岩石骨架的弹性应变增量和热应变增量。

　　其中，骨架弹性应变包括压力引起的应变和应力导致的应变。对于热力耦合问题，由于温度变化会产生附加的热应力和热应变，在线性假设下，热应变表示为

$$\varepsilon_{ij}^T = \beta_r (T - T_0)$$

则热弹性本构方程的一般形式为

$$\sigma'_{ij} = \boldsymbol{D}^e (\varepsilon_{ij} - \varepsilon_{ij}^T) = \boldsymbol{D}^e [\varepsilon_{ij} - \beta_s (T - T_0)\delta_{ij}] \tag{7.1}$$

式中，$\boldsymbol{D}^e$ 为岩体骨架材料的弹性矩阵；β_s 为岩体骨架的线性热膨胀系数。

　　在岩体骨架热膨胀性质及各向同性假设的前提下，在温度变化作用下的岩体

应力-应变关系可表示为

$$\sigma'_{ij} = 2G\varepsilon_{ij} + \lambda\delta_{ij}\varepsilon_v - \beta\delta_{ij}(T - T_0) \tag{7.2}$$

式中，σ'_{ij} 为有效应力张量的分量；ε_{ij} 为应变张量的分量；λ 为 Lame 弹性常数；$\beta = (2G + 3\lambda)\beta_s$ 为热应力系数，其中，β_s 为岩石骨架各向同性线热膨胀系数；δ_{ij} 为 Kronecker 符号，$\delta_{ij} = \begin{cases} 1, & i=j, \\ 0, & i\neq j. \end{cases}$

在一般情况下，岩石骨架的弹性模量、泊松比以及线性热膨胀系数等材料属性参数会由于温度的变化而发生相应的变化。若温度变化在一定的范围内，则材料属性参数基本保持不变，此时材料的属性参数可认为与温度变化无关，大部分工程基本都适用此种情况；若温度变化超出这个范围，材料的属性参数会发生较大变化，问题也会随之变得相当复杂。

2. 岩体热弹塑性本构方程

对于某些特殊情况，在高地应力、工程实际工况条件、热应力、孔隙水压力等因素的影响下，岩体的某一部分可能已产生热弹塑性变形，此时岩体的本构方程应采用热弹塑性本构方程。在弹性区域，岩体本构关系依然采用式（7.1）。

在塑性区域，应变增量可分解为

$$d\varepsilon_{ij} = d\varepsilon^e_{ij} + d\varepsilon^p_{ij} + d\varepsilon^T_{ij}$$

式中，$d\varepsilon^e_{ij}$，$d\varepsilon^p_{ij}$ 和 $d\varepsilon^T_{ij}$ 分别为岩石骨架的弹性应变增量、塑性应变增量和热应变增量。

热弹塑性本构方程的增量形式为

$$d\sigma'_{ij} = \boldsymbol{D}^{ep}(d\varepsilon_{ij} - d\varepsilon^T_{ij}) = \boldsymbol{D}^{ep}(d\varepsilon_{ij} - \beta_s dT_s\delta_{ij})$$

式中，$\boldsymbol{D}^{ep}$ 为岩体材料的弹塑性矩阵，$\boldsymbol{D}^{ep} = \boldsymbol{D}^e - \boldsymbol{D}^p$，其中 $\boldsymbol{D}^e$ 为岩体材料的弹性矩阵，$\boldsymbol{D}^p$ 为岩体材料的塑性矩阵。

第二节　温度作用下巷道围岩的应力场分布

由于深部巷道围岩体内的温度较高，通常采用井下降温的方法来调节巷道内的温度。巷道内部风流和巷道围岩体产生热交换，使原岩体中的温度场分布发生改变，温度差的出现又会在围岩体中产生热应力，从而影响巷道围岩的应力分布。

应力场的控制参数包括岩体的弹性模量、泊松比，其中弹性模量是特征参数。对于巷内风流与围岩的热交换问题，可作如下的基本假设：

① 岩体骨架变形为小变形；

② 岩体骨架可压缩（固体颗粒不可压缩，但空隙可压缩）；

③ 岩体均匀连续，且为各向同性弹性体。

由能量守恒定律，结合热力学第一定律和传热学基本理论，可以得到岩体温

度场热传导方程

$$\rho c \frac{\partial t}{\partial \tau} = \left[\frac{\partial}{\partial x}\left(\lambda\,\frac{\partial t}{\partial x}\right) + \frac{\partial}{\partial y}\left(\lambda\,\frac{\partial t}{\partial y}\right) + \frac{\partial}{\partial z}\left(\lambda\,\frac{\partial t}{\partial z}\right) \right] + \phi \tag{7.3}$$

理论研究和实验结果均表明，岩石骨架的变形会影响岩体温度场的分布，热弹性耦合项为

$$Q = -(1-\phi)T_0\gamma\frac{\partial\varepsilon_v}{\partial t} \tag{7.4}$$

将式(7.3)和式(7.4)相加，得到应力影响的岩体温度场热传导方程

$$\rho c \frac{\partial t}{\partial \tau} + T_0\gamma\frac{\partial\varepsilon_v}{\partial t} = \left[\frac{\partial}{\partial x}\left(\lambda\,\frac{\partial t}{\partial x}\right) + \frac{\partial}{\partial y}\left(\lambda\,\frac{\partial t}{\partial y}\right) + \frac{\partial}{\partial z}\left(\lambda\,\frac{\partial t}{\partial z}\right) \right] + \phi$$

式中，c 为岩体的比热容，kJ/(kg·℃)；ρ 为岩体的密度，kg/m³；λ 为岩体的导热系数，kJ/(m·s·℃)，$\lambda = (2\mu + 3\lambda')\beta$，$\mu$ 和 λ' 为拉梅常数，β 为各向同性固体的线性膨胀系数；T_0 为岩石骨架和地下水的绝对温度。

利用 Ansys 的多场耦合分析功能，进行热 - 力耦合分析，在进行热应力分析时一般可以采用间接法。间接法的步骤为：首先进行热分析，计算出温度场的分布情况，然后将热分析的结果作为热荷载施加到岩体骨架上，最后施加相应的边界条件进行求解，得出结构的变形及应力分布情况。

1. 单元选择及网格划分

研究区域选定为 24m×16m 范围内的巷道围岩，巷道断面为半圆拱形，断面宽度为 3.8m，直墙高为 2.6m，拱高为 1.9m，锚杆长为 2.3m，热分析时围岩和锚杆分别选用 plane55 和 link32 单元，热 - 结构耦合时相应的结构分析单元分别转换为 plane42 和 link1，网格划分采用四边形单元，网格划分如图 7.1 所示。

图 7.1 围岩巷道的网格划分

2. 边界条件与计算参数

边界约束为左右边界固定 x 方向位移，下边界固定 y 方向位移，上边界为压力边界；下边界为温度边界，由实测的巷道底板的温度等值线分布图得到

$T_1 = 46.44℃$，围岩上边界由温度梯度计算出的温度值 $T_2 = 45.62℃$，左右边界取两者的平均值 $T_3 = 46.03℃$，内边界分别为 20℃ 和 25℃。

以大强煤矿辛 -9 号巷道为例，通过现场监测，巷道围岩类别为砂岩，巷道围岩密度 $\rho = 2600 kg/m^3$，弹性模量 $E = 2.8 \times 10^9 Pa$，泊松比 $\mu = 0.34$，锚杆的密度 $\rho = 7800 kg/m^3$，围岩巷道导热系数为 $2.8 W/(m \cdot K)$，热膨胀系数 $\alpha = 6 \times 10^{-6}/℃$；参考温度设定为 20℃。

3. 模拟结果

① 巷道内壁温度为20℃，四周边界位移固定时的热应力分布见图7.2。

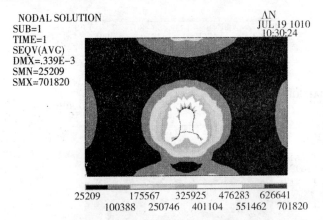

图7.2　巷道内壁温度为20℃的热应力云图

由图7.2可以看出，最大热应力出现在拱顶附近，此时的应力为拉应力，其值约为 7MPa，可见高温对巷道围岩的应力分布影响较大，在温度较高的深部巷道中，热应力的影响应加以考虑。

② 巷道内壁温度为20℃、边界荷载为25MPa的热力耦合计算结果如图7.3至图7.7所示。

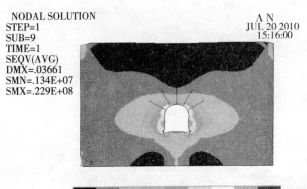

图7.3　总应力云图

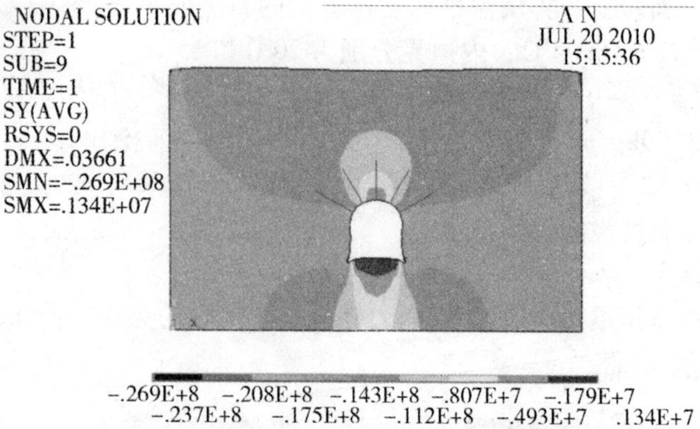

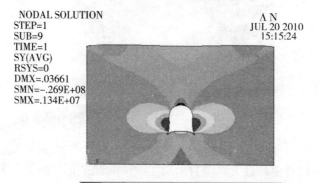

NODAL SOLUTION
STEP=1
SUB=9
TIME=1
SY(AVG)
RSYS=0
DMX=.03661
SMN=-.269E+08
SMX=.134E+07

Λ N
JUL 20 2010
15:15:36

−.269E+8　−.208E+8　−.143E+8　−.807E+7　−.179E+7
　−.237E+8　−.175E+8　−.112E+8　−.493E+7　.134E+7

图 7.4　x 轴向应力云图

NODAL SOLUTION
STEP=1
SUB=9
TIME=1
SY(AVG)
RSYS=0
DMX=.03661
SMN=-.269E+08
SMX=.134E+07

Λ N
JUL 20 2010
15:15:24

−.171E+8　134E+8　−.987E+7　−.597E+7　−.227E+7
　−.152E+8　−.115E+8　−.782E+7　−.412E+7　−422752

图 7.5　y 轴向应力云图

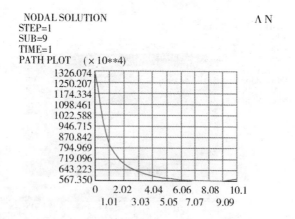

NODAL SOLUTION
STEP=1
SUB=9
TIME=1
PATH PLOT　(×10**4)

Λ N

1326.074
1250.207
1174.334
1098.461
1022.588
946.715
870.842
794.969
719.096
643.223
567.350

0　　2.02　　4.04　　6.06　　8.08　　10.1
　1.01　　3.03　　5.05　　7.07　　9.09

图 7.6　x 右半轴应力变化曲线

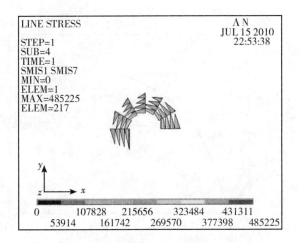

图 7.7 锚杆轴力分布

由图 7.4 至图 7.7 可以看出,最大应力出现在巷道的两底角处(应力值具体变化情况见图 7.7),此时的最大应力为拉应力,其值约为 22.9MPa。以上计算结果还表明巷道伴随有底鼓现象。再进一步从 x 轴及 y 轴向应力可看出,x 轴向最大应力出现在巷道两直墙边上,y 轴向最大应力出现在巷道底部。

对比分析巷道内壁温度为 20℃和 25℃时的热力耦合计算结果,以巷道右底角点作为起点,选择其右边直线上的 13 个节点作为样本点,利用 Ansys 的 list 菜单输出这些点的应力值,然后导入到 Excel 中进行处理,对比结果如图 7.8 和图 7.9 所示。

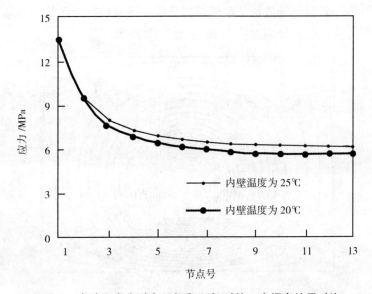

图 7.8 内壁温度分别为 20℃和 25℃时热 – 力耦合结果对比

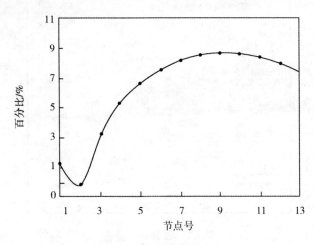

图7.9 应力增大百分比

　　巷道内壁为25℃的应力分布与巷道内壁为20℃时的情况类似，最大应力同样出现在巷道两底角处；另外巷道内壁温度为25℃时样本点的应力值普遍比20℃时的应力值偏高，说明巷道内壁温度越高，巷道围岩的应力随之增大，并且应力增大的最大百分比可达到9%。

第三节　应力作用下巷道围岩的温度场分布

　　本书结合前面给出的应力影响下的巷道围岩温度场控制方程，利用有限元软件对深部巷道围岩温度场进行了数值模拟分析，得到非耦合以及应力影响下的巷道围岩温度等值线图，分别如图7.10至图7.12所示。

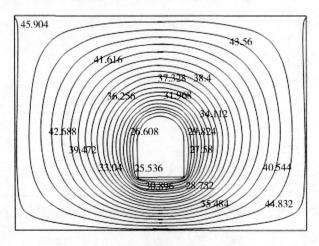

图7.10 非耦合时巷道围岩温度场的分布

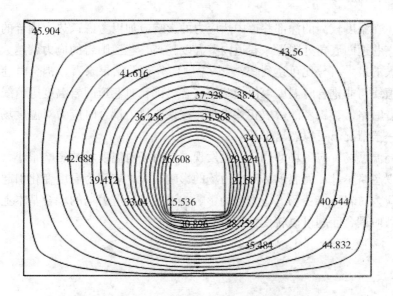

图 7.11　应力影响下的巷道围岩温度场的分布

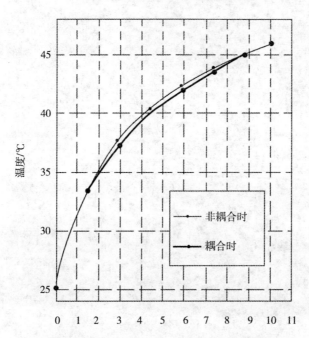

图 7.12　耦合和非耦合时巷道围岩温度场的结果对比

　　从图 7.10 ~ 图 7.12 中可以看出，巷道围岩稳态温度场等值线呈对称分布且在巷道周围附近呈逐渐向外扩散趋势。

　　从热应力的模拟结果看，由温度变化产生的热应力对深部巷道的应力分布影响较大，在温度较高的深部巷道中热应力的影响应加以考虑；热力耦合的最大应力出现在巷道两底角处附近，巷道内壁温度越高，巷道围岩的应力就越大，并且应力增大的最大百分比可达到9%。从温度场分布的结果来看，耦合时巷道围岩温度等值线与非耦合时温度等值线基本重合，耦合时巷道围岩温度等值线的数值比非耦合时略低，二者的数值相差很小，这说明热力耦合时应力对温度场的影响很小，一般情况下可以忽略不计。

研究温度场－应力场的耦合问题发现，应力场对温度场的影响很小，一般情况下可以忽略不计，而温度场对应力场的影响很大，表现为温度变化引起的热应变或热应力对岩体应变场或应力场的影响，温度场与应力场的耦合基本上是单方面的，此时耦合问题可以转变为热应力问题。

第八章　裂隙岩体的应力与渗流耦合分析

　　地下岩体总是赋存于一定的渗流场与应力场中的，国内外学者对应力场与渗流场之间关系的研究开始于 20 世纪 70 年代。1974 年，法国岩石力学专家 Louis 根据某坝址钻孔抽水试验资料分析，得出了渗透系数与正应力的经验关系式。1982 年，Noorishad 提出了岩体渗流要考虑应力场的作用，以 Biot 固结理论为基础，把多孔弹性介质的本构方程推广到裂隙介质的非线性形变本构关系，研究渗流与应力的关系。1986 年，Oda 和 Nolte 等学者用裂隙几何张量来统一表达岩体渗流与变形之间的关系，建立了与裂隙压缩量有关的指数公式描述裂隙渗流与应力之间的关系。1987 年，德国的 Erichsen 从岩体裂隙压缩或剪切变形的分析出发，建立应力与渗流之间的耦合关系。我国的刘继山用实验方法研究了单裂隙和两组正交裂隙受正应力作用时的渗流公式。

　　在地下工程中，Kilsall 等人在 1984 年研究了地下洞室开挖后围岩渗透系数的变化，将渗流引入到地下工程中。地下岩体一般属于不连续介质，在地质作用的影响下包含尺度不同、方向各异及性质不相同的裂隙。因此，赋存于地下岩体中的流体的渗流特征往往受到裂隙的控制。研究岩体中地下水的流动特征，必须首先研究裂隙岩体的渗流规律。目前，国内外学者多集中研究天然岩体的水力学特征，而对于受扰动后的岩体渗流特征研究较少。例如：矿层开采之后破坏了围岩的应力状态，造成应力重新分布，其结果造成围岩变形、破坏，改变了天然岩体的裂隙分布、岩体的渗透性及地下水的流动状态，致使地下水不仅沿原有裂隙流动，而且还会沿着新产生的采动裂隙流动。地下水流动中伴随着热迁移现象，使得高温岩体中的温度场分布也因渗流场的存在而发生改变。

第一节　裂隙岩体应力与渗流耦合的基本理论

　　岩体由天然裂隙及一系列被裂隙分割的岩块组成，流体在岩体中的流动取决于岩块及裂隙的特征。实际上，由于完整岩块具有较低的渗透率，比裂隙岩体的渗透率低一个数量级甚至更低，流体主要通过裂隙流动。

　　1. 孔隙弹性体本构方程

　　孔隙弹性理论的主要特点是将流体压力的作用引入到固体力学中，应用它可以研究耦合固体力学与流体力学问题。M. A. Biot 首先提出了广义三维孔隙线性弹性力学理论。Biot 的本构方程基于应力（σ_{ij}，p）和应变（ε_{ij}）呈线性关系，并且岩土材料为充满流体的多孔介质材料。因此，其本构方程可以由弹性力学的本构关系中增加流体压力项得到，对于各向同性材料，孔隙弹性力学中固体相的位移方程可表示为（压应力为正）

$$Gu_{i,jj} + \frac{G}{1-2\upsilon}u_{k,ki} + \alpha p_{,i} = 0 \tag{8.1}$$

式中，G 为剪切模量；α 为有效应力系数，且 $\alpha = 1 - k_s/k_g$，k_s 为孔隙介质的体积模量，k_g 为固体颗粒的体积模量。

2. 液体流动方程

液体流动方程可由达西定律得

$$\nu_i = -K(p_{,i} - f_{,i}) \tag{8.2}$$

式中，$f_{,i}$ 为单位体积流体的体积力，且 $f_{,i} = \rho_f g_i z$，ρ_f 为流体的密度，g_i 为 i 方向的重力加速度；K 为渗透系数，且 $K = k/\mu$，k 为渗透率，因为渗透系数取决于应力，其为应力的函数，即 $K = K(\sigma)$。

考虑到可压缩液体的质量守恒，忽略流体密度的影响，可得如下连续方程

$$\nu_{i,i} = \alpha\dot{\varepsilon}_{kk} - \varphi^*\dot{p} \tag{8.3}$$

式中，φ^* 为相对压缩系数；$\dot{\varepsilon}_{kk}$ 为体积应变。

将式（8.2）代入式（8.3），考虑到 $f_{,i} = 0$，可得

$$-Kp_{,kk} = \alpha\dot{\varepsilon}_{kk} - \varphi^*\dot{p}$$

稳定流条件下的连续方程为

$$\nu_{i,i} = 0 \tag{8.4}$$

将式（8.3）代入式（8.4），考虑到 $f_{,i} = 0$，可得稳定条件下流体相的连续方程

$$K(\sigma)^2 p = 0 \tag{8.5}$$

式中，p 为 Hamiltonia 算子；$K(\sigma)$ 为与应力有关的渗透系数，可以通过后面的分析得出。

式（8.1）及式（8.5）为耦合固体变形及液体流动的本构方程。

第二节　岩体应力与渗流的耦合关系

1. 裂隙岩体应力与渗透系数的关系

岩体中应力的变化导致裂隙宽度的变化，进而导致岩体渗透性的改变。以往的研究仅仅考虑裂隙变形对渗透性的影响而忽略了岩块变形对渗透性的影响。下面综合考虑由于应力变化导致的裂隙及岩块的变形对渗透性的影响。

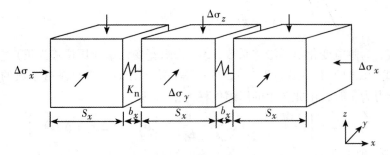

图 8.1 三向应力条件下裂隙岩体应力—渗透性计算模型

如图 8.1 所示，沿 x 方向岩体的总位移（Δu_{tx}）等于裂隙的位移（Δu_{fx}）与岩块位移（Δu_{rx}）之和，则裂隙位移为

$$\Delta u_{fx} = \Delta u_{tx} - \Delta u_{rx}$$

式中：下标"f"表示裂隙，下标"t"表示裂隙与岩块，下标"r"表示岩块。表示成应变形式，则为

$$\Delta u_{fx} = (s_x + b_x)\Delta\varepsilon_{tx} - s_x\Delta\varepsilon_{rx} \tag{8.6}$$

式中：s_x，b_x 分别为沿 x 方向的裂隙间距及裂隙宽度；$\Delta\varepsilon_{tx}$，$\Delta\varepsilon_{rx}$ 分别为裂隙与岩块的应变增量。

沿 x 方向岩体的应变可以表示为

$$\Delta\varepsilon_{tx} = \frac{1}{E_{mx}}\left[\Delta\sigma_x - \nu(\Delta\sigma_y + \Delta\sigma_z)\right] \tag{8.7}$$

式中，E_{mx} 为岩体 x 方向的弹性模量，下标 m 表示岩体。

沿 x 方向岩块的应变可以表示为

$$\Delta\varepsilon_{rx} = \frac{1}{E_r}\left[\Delta\sigma_x - \nu(\Delta\sigma_y + \Delta\sigma_z)\right] \tag{8.8}$$

式中，E_r 为岩块的弹性模量。

将式（8.7）、式（8.8）代入式（8.6）可得裂隙的位移为

$$\Delta u_{fx} = \left(\frac{s_x + b_x}{E_{mx}} - \frac{s_x}{E_r}\right)\left[\Delta\sigma_x - \nu(\Delta\sigma_y + \Delta\sigma_z)\right] \tag{8.9}$$

因为岩体与岩块的弹性模量有如下关系

$$\frac{1}{E_{mx}} = \frac{1}{E_r} + \frac{1}{K_{nx}s_x} \tag{8.10}$$

将式（8.10）代入式（8.9）可得

$$\Delta u_{fx} = \left(\frac{1}{K_{rx}} + \frac{s_x}{K_{rx}s_x} + \frac{b_x}{E_r}\right)\left[\Delta\sigma_x - \nu(\Delta\sigma_y + \Delta\sigma_z)\right] \tag{8.11}$$

依据 J. Zhang 和 Roegiers 等人的研究结果，当裂隙的宽度变化时，渗透系数可表示为

$$K' = K'_0 \left(1 - \frac{\Delta u_f}{b} \right)^3 \tag{8.12}$$

式中，K'_0 为隙宽变化前的渗透系数；Δu_f 为隙宽变化量（压位移为正）。

将式（8.11）代入式（8.12），即可得到沿 z 方向应力与渗透系数的关系式（当压应力为正时，由此产生的压缩位移为正），则

$$K_z = K_{0z} \cdot \left\{ 1 - \left(\frac{1}{K_{nx}b_x} + \frac{1}{K_{nx}s_x} + \frac{1}{E_r} \right) \left[\Delta\sigma_x - \nu(\Delta\sigma_y + \Delta\sigma z) \right] \right\}^3 \tag{8.13}$$

写成一般形式为

$$K_k = K_{0k} \cdot \left\{ 1 - \left(\frac{1}{K_{ni}b_i} + \frac{1}{K_{ni}s_i} + \frac{1}{E_r} \right) \left[\Delta\sigma_i - \nu(\Delta\sigma_j + \Delta\sigma_k) \right] \right\}^3$$

式中，K_{0k}，K_k 分别为应力变化前后沿 k' 方向的渗透系数；$i = x$，y，z；$j = y$，z，x；$k = z$，x，y；$i \neq j \neq k'$。

当岩体中仅存在应力增量 $\Delta\sigma_x$ 时，式（8.13）可简化成

$$K_z = K_{0z} \cdot \left\{ 1 - \left(\frac{1}{K_{nx}b_x} + \frac{1}{K_{nx}s_x} + \frac{1}{E_r} \right) \Delta\sigma_x \right\}^3 \tag{8.14}$$

由式（8.14）可知，当 $K_{nx} = 10^4 \text{MPa/m}$，$E_r = 10^3 \text{MPa}$，$s_x = 1.0\text{m}$，$b_x = 1.0\text{m}$ 时，可以绘出应力增量与渗透系数比的关系图（见图 8.2）。图 8.2 中显示出随着应力的增加，渗透系数比（K_z/K_{0z}）显著增大；而随着压应力的增加，渗透系数比大幅度减少，这与试验结果相吻合。

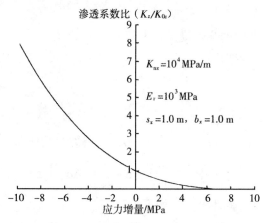

图 8.2　应力增量（$\Delta\sigma$）与渗透系数比（K_z/K_{0z}）的关系

当岩体中含有多组裂隙时，即在 x，y，z 方向各含有一组裂隙时，此时沿 z 方向的渗透系数为

$$
\begin{aligned}
K_z = K_{0z} \cdot \Big\{ & 1 - \left(\frac{1}{K_{ni}b_i} + \frac{1}{K_{ni}s_i} + \frac{1}{E_r} \right) \cdot \left[\Delta\sigma_i - \nu(\Delta\sigma_j + \Delta\sigma_k) \right] \\
& - \left(\frac{1}{K_{nj}b_j} + \frac{1}{K_{nj}s_j} + \frac{1}{E_r} \right) \cdot \left[\Delta\sigma_j - \nu(\Delta\sigma_i + \Delta\sigma_k) \right] \Big\}^3
\end{aligned}
$$

2. 多孔介质岩体应力与渗透性的关系

对于松散砂层、孔隙砂层及其他一些完整的孔隙岩石，其渗流特征为流体沿岩石中的孔隙流动。这类岩体多属于孔隙介质，其渗流特征取决于岩石的孔隙率、颗粒直径及水力半径等参数。

M. Bai 和 D. Elsworth 给出的与岩石颗粒半径 R 有关的多孔介质渗透系数可表示为

$$K = \frac{2R^2}{\pi^2}\left(\frac{\rho g}{\mu}\right)$$

当岩体处于三向应力状态时，岩石颗粒的变化将导致渗透系数的变化。而岩石颗粒尺寸的变化可以通过 Hertz 接触理论求得。如图 8.3 所示，由于压应力增量 $\Delta\sigma_x$，$\Delta\sigma_y$，$\Delta\sigma_z$ 的作用，可得多孔介质岩体渗透系数的变化值

$$K = K_1 \cdot \left\{1 - \frac{1}{2}\left[\frac{9\pi^2(1-v^2)^2}{2E^2}\right]^{\frac{1}{3}}\left(\pm\Delta\sigma_x^{\frac{2}{3}} \pm \Delta\sigma_y^{\frac{2}{3}} \pm \Delta\sigma_z^{\frac{2}{3}}\right)\right\}^2$$

式中，压应力前面为"+"，张应力前面为"−"；K_1 为应力变化前的渗透系数。

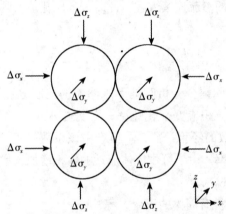

图 8.3 三向应力条件下孔隙岩体应力 – 渗透性计算模型

第三节 巷道围岩应力渗流耦合分析

流固耦合是指存在于工程环境系统中的流体和固体之间的相互作用和相互影响。除了指宏观场中流体和固体之间的相互关系，流固耦合的另一个物理含义是微观场中渗流场和应力场之间的相互作用。流固耦合问题广泛应用于许多工程问题中，如基坑开挖、地面沉降、堤坝稳定性问题等。在上述问题中，孔隙流体压力的变化会导致岩石有效应力的改变从而影响岩石骨架的变形。与此同时，岩石骨架的变形又会反过来导致渗透特性和孔隙流体压力的改变从而影响渗流过程。但是，经典的渗流力学和岩石力学对流体流动与岩石变形的相互耦合作用没有给

予适当考虑，显然，这样的处理方式与处于耦合状态下的工程实际之间存在较大的差异，要想更准确地解决实际工程环境中的各种问题，必须将经典的渗流力学、岩石力学结合起来，全面考虑渗流、岩石变形之间的耦合过程，建立流固耦合模型。

1. 基本假定

为了问题研究的需要，应力－渗流耦合分析所采用的基本假定如下。

① 岩体介质为饱和的多孔弹性介质，岩体骨架变形为小变形。

② 岩体为单相流体（地下水）所饱和，只考虑固液两相。

③ 岩体骨架可压缩（固体颗粒可压缩，空隙可压缩）；地下水可压缩。

④ 地下水渗流服从达西定律。

2. 巷道围岩应力－渗流耦合计算方程

（1）地下水渗流的控制方程

如前所述，将流体平衡方程代入渗流连续方程并经过一系列的推导过程可以得到用压力水头表示的渗流连续方程，此时若考虑孔隙水的可压缩性，可得到以下方程

$$S_s \frac{\partial H}{\partial t} + \nabla \cdot [-K\nabla H] = -\alpha_b \frac{\partial \varepsilon_{vol}}{\partial t} \tag{8.15}$$

式（8.15）即流固耦合分析时地下水渗流的控制方程。其中，$\partial \varepsilon_{vol}/\partial t$ 是从固体位移方程得到的体积应变变化速率；S_s 为贮水率或单位储存量；α_b 是常用来定义 Biot-Willis 系数的经验常数，本模型中该系数等于 1。可将方程右边的项解释为固体的膨胀速率。由于可供流体流动的体积增加，增大了流体汇，因此在源项中其符号应该反过来。

（2）流固耦合分析时固体的形变方程

在平面条件下，用张量形式表示的力的平衡条件为

$$-\nabla \cdot [\sigma] = F \tag{8.16}$$

式中，$[\sigma]$ 是应力张量；F 是包含流体压力梯度（即流-固耦合项）和其他应力的力矢量。

平面应变条件下，各向同性材料中的应力-应变关系满足

$$\begin{bmatrix} \sigma_x \\ \sigma_y \\ \sigma_z \end{bmatrix} = \frac{E}{(1+\mu)(1-2\mu)} \begin{bmatrix} 1-\mu & \mu & 0 \\ \mu & 1-\mu & 0 \\ 0 & 0 & \frac{1-2\mu}{2} \end{bmatrix} \begin{bmatrix} \varepsilon_x \\ \varepsilon_y \\ \gamma_{xy} \end{bmatrix}$$

小形变下，法向应变 ε_{xx}，ε_{yy}，ε_{zz} 和剪切应变 ε_{xy}，ε_{yz}，ε_{xz} 与平面应变分析中的位移 u 和 v 之间的关系为

$$\varepsilon_x = \frac{\partial u}{\partial x}, \quad \varepsilon_y = \frac{\partial v}{\partial y}, \quad \varepsilon_{xy} = \frac{1}{2}\left(\frac{\partial u}{\partial y} + \frac{\partial v}{\partial x}\right), \quad \varepsilon_{xy} = \varepsilon_{yx}, \quad \varepsilon_{xz} = \varepsilon_{xz} = \varepsilon_{yz} = 0$$

将这些关系式代入到式（8.16），可以得到

$$-\nabla \cdot (c \nabla u) = F$$

式中，c 是根据应力 σ、应变 ε 以及位移 u 之间的关系定义的张量。

在平面应变模式下，固体变形方程可进一步化简为

$$\frac{E}{2(1+\mu)}\nabla^2 u + \frac{E}{2(1+\mu)(1-2\mu)}\nabla \cdot (\nabla u) = \alpha_b \rho_f g \nabla H \qquad (8.17)$$

式中，E 是杨氏模量；μ 是泊松比；u 是位移向量，包含两个正交的位移 u 和 $v(m)$。

项 $\alpha_b \rho_f g \nabla H$ 计算在 x 和 y 方向上的流体压力梯度乘上多孔弹性常数，常常被描述为流 – 固耦合表达式。

（3）巷道围岩应力 – 渗流耦合数学模型

如前所述，考虑孔隙水的可压缩性，且认为岩石为饱和的各向同性弹性体，孔隙水的渗流流动服从达西定律，联立式（8.15）和式（8.17）得到

$$\left.\begin{aligned} S_s \frac{\partial H}{\partial t} + \nabla \cdot [-K \nabla H] &= -\alpha_b \frac{\partial}{\partial t}\varepsilon_{\text{vol}} \\[2mm] \frac{E}{2(1+\mu)}\nabla^2 u + \frac{E}{2(1+\mu)(1-2\mu)}\nabla \cdot (\nabla u) &= \alpha_b \rho_f g \nabla H \end{aligned}\right\} \qquad (8.18)$$

式（8.18）即深部巷道围岩渗流 – 应力耦合计算的数学模型，此模型考虑了岩石骨架质点应变引起的流体体积变化以及渗流作用对岩石骨架的渗透力作用，在某种意义上实现了应力与渗流的耦合。

3. 流固耦合时的边界条件

① 位移边界条件，即已知某边界上的位移。对于固定边界，其上位移为零，则边界条件可写成：$u=0$，$v=0$，$w=0$。

② 应力边界条件，即已知某边界上的力。设作用于边界上的面力沿 x，y，z 三方向的分量分别为 F_x，F_y 和 F_z，该边界外法线与 x，y，z 轴正向的夹角分别为 α，β，γ，方向余弦分别为 l，m，n，则该应力边界条件可表示为

$$\begin{cases} l\sigma_x + m\tau_{yx} + n\tau_{zx} + F_x = 0 \\ m\sigma_y + n\tau_{zy} + l\tau_{xy} + F_y = 0 \\ n\sigma_z + l\tau_{xz} + m\tau_{yz} + F_z = 0 \end{cases}$$

写成矩阵形式

$$\boldsymbol{L}^{\mathrm{T}}\boldsymbol{\sigma} + \boldsymbol{F} = 0$$

式中，$\boldsymbol{F}$ 为面力矢量，即 $\boldsymbol{F} = \begin{bmatrix} F_x & F_y & F_z \end{bmatrix}^{\mathrm{T}}$

$$L = \begin{bmatrix} l & 0 & 0 \\ 0 & m & 0 \\ 0 & 0 & n \\ m & l & 0 \\ 0 & n & m \\ n & 0 & l \end{bmatrix}$$

对于常见的地表受垂直均布荷载 q 作用下的情况，若 x，y 方向为水平方向，z 为垂直方向，则面力分矢量为

$$F_x = 0，F_y = 0，F_z = q，\alpha = \beta = 90°，\gamma = 180°，l = m = 0，n = -1$$

可得该边界的应力边界条件为

$$\tau_{zx} = \tau_{zy} = 0，\sigma_z = q$$

③ 孔压边界条件，即已知某边界上的孔压或水头。

对于排水边界，其上孔压为零，则该边界条件可写为 $P = 0$。

④ 流速边界条件，即已知某边界上的法相流速。设已知边界上沿外法线方向的流速为 ν_n，则流速边界条件可写为

$$l\nu_x + m\nu_y + n\nu_z = \nu_n$$

将达西定律代入得

$$-\frac{k_h}{\gamma_w}\left(l\frac{\partial p}{\partial x} + m\frac{\partial p}{\partial y} \right) - \frac{k_v}{\gamma_w}n\frac{\partial p}{\partial z} = \nu_n$$

对于常见的不排水边界，其 $\nu_n = 0$，故边界条件为

$$lk_h\frac{\partial p}{\partial x} + mk_h\frac{\partial p}{\partial y} + nk_v\frac{\partial p}{\partial z} = 0$$

4. 巷道围岩应力 - 渗流耦合的数值模拟分析

本部分选择有限元软件中的达西定律（压力水头分析）和结构力学模块中的平面应变应用模式求解应力场和渗流场的耦合问题。当然，在两组偏微分方程之间还需要定义很多流固耦合项，其中，达西定律应用模式内置了固体形变方程的应变速率，平面应变应用模式中内置了流体压力梯度，通过在原有模型的基础上添加源（汇）项和流固耦合项，实现了巷道围岩应力场和渗流场两场之间的耦合。有限元软件会把巷道围岩应力 - 渗流耦合数学模型转化为一个统一的通式形式的偏微分方程组，然后统一求解这个通式形式的偏微分方程组，采用数值迭代法一次性求出渗流场、应力场。以往对应力场和渗流场进行分析时，只考虑单场或一个场对另一个场的作用，而没有考虑两场之间的相互作用，本部分给出了巷道围岩应力场 - 渗流场两场耦合的数学模型，并利用有限元软件的多场耦合功能求解了该模型，此模型考虑了渗流场和应力场两场之间的相互影响，和以前的模型相比较，已经有了很大的改进，计算结果与实际情况也更加相符。

（1）几何模型及网格划分

研究区域资料来源于深埋巷道的原位监测数据，研究区域选定为 24m × 16m 范围内的巷道围岩，巷道断面为半圆拱形，断面宽度为 3.8m，直墙和拱高分别为 2.6m 和 1.9m，几何模型及网格剖分见图 8.4。

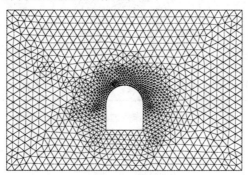

图 8.4　巷道围岩几何模型及网格剖分

（2）计算参数及边界条件

仍然以大强煤矿辛 – 9 号巷道为例，通过现场监测，巷道围岩类别为砂岩，巷道围岩密度 $\rho = 2600 \text{kg/m}^3$，弹性模量 $E = 2.8 \times 10^9 \text{Pa}$，泊松比 $\mu = 0.34$，岩石的渗透系数为 $1.15 \times 10^{-9} \text{m/s}$。

应力边界条件：边界约束为左右边界固定 x 方向位移，下边界为固定边界，上边界为压力边界，方向竖直向下，设定压力大小为 25MPa。

渗流边界条件：左边界为水流流入边界，水流的初始速度设为 $7 \times 10^{-7} \text{m/s}$，内边界为零压力边界，其他边界为不透水边界。

（3）模拟结果

采用前面给出的巷道围岩应力 – 渗流耦合数学模型，运用有限元数值分析的方法对巷道围岩进行数值求解，图 8.5 至图 8.8 分别为不考虑应力场和考虑应力场时得到的压力水头等值线以及速度场等值线分布图。

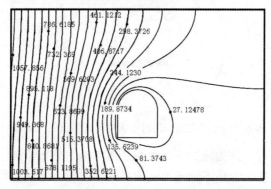

图 8.5　不考虑应力作用时水头等值线分布图

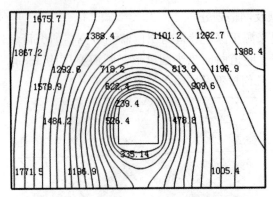

图 8.6 考虑应力作用时水头等值线分布图

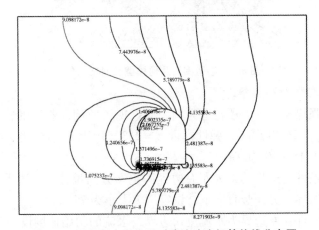

图 8.7 不考虑应力作用时渗流速度场等值线分布图

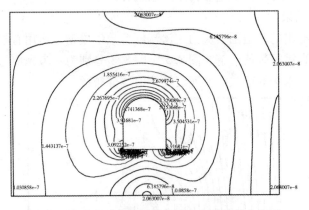

图 8.8 考虑应力作用时渗流速度场等值线分布图

从模拟结果来看，应力场的施加改变了渗流场的分布形态。深部地下岩体一般处于高地应力状态，在地下水流渗流的过程中，应力对渗流场分布的影响不容忽视，地应力会影响流体的流动和汇聚，从而使渗流场的分布形态发生了变化。

在地应力作用下，地下水渗流不再是在压力梯度单一作用下的强迫运动，而是压力梯度下的强迫运动和由应力场变化引起的流体体积变化相互叠加的结果，这一点可以从图 8.5 和图 8.6 的对比中看出来。另外，从对比图 8.7 和图 8.8 还可以看出，不考虑应力作用时，速度最大值分布在巷道左侧底角附近以及左侧半圆拱部分，考虑应力作用时速度最大值分布在巷道两侧底角附近以及圆形拱顶部分。而从速度等值线的疏密来看，应力集中区附近的速度等值线密集，远离应力集中区的速度等值线稀疏，说明在应力集中区应力对渗流场的影响较大，离应力集中区越远应力对渗流场的影响也就越小。

第九章　裂隙岩体的流固耦合传热分析

随着地热资源的开发以及煤矿、冶金等矿山的深部开采，高温害的威胁日益严峻，单纯的流固耦合模型已不能正确反映客观情况，必须在流固两场耦合分析的基础上将温度的影响加以考虑，热流固耦合问题的研究应运而生。近 20 年来，三场耦合已成为工程领域中的一个热点问题和基础性科学问题，其研究具有重要的理论意义和广阔的应用前景。

三场耦合理论是基于流固耦合理论扩展得到的，在流固耦合分析中，一般认为温度场是不变的，也就是忽略了变化温度与岩石骨架变形、地下水渗流之间的相互耦合作用。然而，随着煤矿、冶金等矿山的深部开采，此时除了要考虑渗流场和应力场的相互耦合作用外，高温对地下岩体的危害也不容忽视，特别是在一些温度变化比较显著的多场耦合系统中，如工程中的地下核废料储存处理系统，地热利用系统，石油工业中的热力采油系统、高压注水采油系统等。对于此类问题，采用没有考虑温度变化的流固耦合模型显然是不准确的，而应该在此基础之上加入一个体现温度变化的附加项，即应采用热流固三场耦合模型。热流固耦合是指在多场耦合系统中流体的流动、固体的变形以及温度变化三者之间的相互影响、相互作用。热流固耦合不单单是在流固耦合的基础上施加一个体现温度变化的项，而是把体现流体流动项、固体变形项以及温度变化的附加项同时视为基本未知量，它们的地位是同等的。在热流固三场耦合问题中，热应力与渗透水压力会引起岩石骨架的变形，岩石骨架的变形以及地下水渗流所夹带的热量会引起温度的变化，岩石骨架的变形与热应力所引起的渗透特性和渗透水压力的变化会影响流体的流动，上面所说的三种效应是同时发生的。

第一节　裂隙岩体的渗流－应力－温度耦合数学模型

地应力、地下水渗流、地温三者对岩石的作用不是孤立的，而是一种耦合作用过程。要准确、全面地评价岩体尤其是深部岩体对工程活动的影响，就必须考虑岩体温度场、地下水渗流场和岩体应力场（或应变场）之间的相互作用，即所谓温度－渗流－应力三场耦合问题（简称 THM 耦合）。

根据耦合作用实现方式的不同，可将 THM 耦合作用机理分为两类："力学"耦合和"参数"耦合。"力学"耦合指场之间通过某种力学作用实现耦合，比如温度场通过温度变化诱发的热应力和热应变等热变形对应力、应变场的耦合作用，渗流场通过地下水运动伴随的热对流对温度场产生耦合作用等。"参数"耦合是指通过场的控制参数的变化而实现相互之间的耦合作用，具体表现为某个场控制参数的变化可以是另外两个场变化的结果，也可以是自身变化的结果。每个场的控制参数都受到另外两个场的影响，而该场控制参数的变化除引起该场本身的变化外，还影响到另外两个场。温度影响地下水的密度和黏度，应力状态影响岩体的孔隙度、裂隙隙宽、连通性。这两方面的作用都将引起岩体渗透系数的变化，从而导致渗流场的改变，而渗流场的改变也将引起温度场和应力场的变化。含水率和应力状态影响岩体的导热系数、比热容，岩体的导热系数、比热容的变化引起岩体温度场的改变，温度场的改变又影响到渗流场和应力应变场。温度和含水率影响岩体的力学参数（弹性模量、泊松比），力学参数的变化引起应力应变场的改变，应力应变场的改变导致岩体渗透系数和导热系数的变化，从而引起渗流场和温度场的变化。此外，某场的变化还将引起该场控制参数的变化，进而影响该场的变化，即所谓单个场的变物性问题。应力、应变场对渗流场的耦合作用则通过应力状态或变形对空隙水压力的影响而表现出来。

三场耦合理论建立在简单的两场耦合理论基础之上，在前面流固耦合分析中，已经讨论了渗流场与应力场之间的相互作用，考虑了应变引起的流体体积的变化以及渗流对岩石骨架产生的渗透力作用，从某种程度上实现了渗流-应力的全耦合。再结合前面对温度-应力的耦合分析，把温度变化引起的热效应考虑进去，将体现流体流动、固体变形、温度场变化的量（如流体压力、固相质点位移、绝对温度）同时视为基本变量，同时考虑温度变化产生的热应力和地下水渗流产生的渗透力，热应力和渗透力将引起岩石的变形；岩石变形所产生的变形能和地下水渗流同样也会引起温度场的变化；温度梯度和岩石骨架质点的应变会引起地下水流体的流动。下面给出一组方程，这一组方程同时考虑了上述三种效应，假定流体为中相流，固体介质为非沸腾的饱和热弹性多孔介质。此模型包括力学平衡方程、流体流动方程和能量守恒方程，其中力学平衡方程考虑了渗透力和热应力的作用，流体流动方程考虑了应变引起的流体的体积变化和温度梯度所引起的流体的流动项，能量守恒方程则考虑了固体和流体的热平衡及变性能作用。然后利用有限元软件成功地求解了这一全耦合偏微分方程组，实现了同时求解多物理场耦合过程。

为了研究问题的需要，在建立巷道围岩应力-渗流-温度三场耦合的数学模型时作如下假定。

① 岩体介质为饱和的多孔弹性介质，岩体骨架变形为小变形；

② 岩体为单相流体（地下水）所饱和，只考虑固液两相；

③ 岩体骨架可压缩（固体颗粒可压缩，空隙可压缩），地下水可压缩；

④ 地下水渗流服从达西定律，考虑温度梯度的影响，热传导遵循 Fourier 导热定律。

1. 地下水渗流控制方程

连续性方程是质量守恒定律的数学表达式。根据质量守恒定律，可以得到用偏微分形式表示的渗流连续性方程

$$\frac{\partial(\phi\rho_f)}{\partial t} + \nabla\phi\rho_f V_f = Q \tag{9.1}$$

式中，ρ_f 为地下水的密度；ϕ 为岩石的孔隙度；V_f 为地下水的渗流速度矢量；Q 为流体的源（汇）项；∇ 为哈密顿算子。

渗流仍采用达西定律，达西定律本质上也是能量守恒定律的一种表达形式，其一般表达式为

$$V_f = -\frac{k}{\mu_f}(\nabla P - \rho_f g)$$

式中，k 为岩体的渗透率；μ_f 为流体的动力黏滞系数；P 为孔隙压力；g 为重力加速度。

此外，大量的试验和研究结果都表明，除了要考虑水力梯度的影响外，地下水流在温度梯度作用下也会发生相应的流动，也就是通常所说的类 Soret 效应。考虑到温度势本身就是一个比较复杂的问题，因此，往往采用一个经验表达式来估算温度对地下水渗流的影响，即

$$q_T = -D_T\frac{\partial T}{\partial x}$$

式中，q_T 为温度变化引起的水流通量；D_T 为温差作用下水流扩散率，其中已经考虑了地下水和固体的热膨胀系数、物理化学变化系数的影响。

考虑类 Soret 效应的达西定律表达式可写成

$$V_f = -\frac{k}{\mu_f}(\nabla P - \rho_f g) - D_T\nabla \tag{9.2}$$

将式（9.2）代入式（9.1），并加上固体变形项，取 Biot 系数的值为 1，经过一系列变换可以得到

$$\frac{\rho_f}{\rho_0}\frac{\partial\varepsilon_V}{\partial t} + \phi\beta_p\frac{\partial P}{\partial t} + \phi\beta_T\frac{\partial T}{\partial t} - \nabla\left[\frac{\rho_f k}{\rho_0\mu_f}(\nabla P - \rho g) + D_T\nabla T\right] = Q \tag{9.3}$$

式中，ρ_0 为流体的参考密度；ε_V 为岩石的体积应变；T 为温度；β_T 为流体的热体积膨胀系数；β_p 为流体的压缩系数。

式（9.3）即考虑温度场和渗流场共同作用的地下水渗流控制方程，左边第一项反映了变形场和渗流场的耦合，即由固体骨架变形引起的渗流场的变化；左边第三项和最后一项含 T 的部分反映了温度场和渗流场的耦合，即由温度变化引起的地下水流场的变化。因此，式（9.3）充分反映了温度场和变形场对渗流场

的耦合作用。

2. 岩体温度场控制方程

岩石骨架和地下水流两者存在于同一个体积空间内，它们之间的热量传递过程在很短的时间内就能完成，对于单相流，一般认为岩石骨架和地下流体之间总是处于相对的热平衡状态。但是，在温度场控制方程的推导过程中，假定两者之间不存在上面所提到的局部热平衡状态，因此对岩石骨架和地下水流的热平衡方程要分别进行单独的推导。在研究区域内选取平行六面微元体作为研究对象，其边长分别为 dx，dy，dz，假设岩石的孔隙度为 Φ，同时处于饱和状态，则单元体内流体的体积为 $\Phi dxdydz$，岩石骨架的体积为 $(1-\Phi)dxdydz$，下面分别推导地下水和岩石骨架的热平衡方程。热量运移单元体示意图见图 9.1。

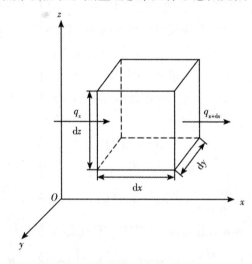

图 9.1　热量运移单元体示意图

（1）地下水的热平衡

在单位时间内引起单元体中地下水温度变化的主要因素有：地下水渗流引起的热对流作用，地下水的热传导作用，岩石骨架和地下水的热量传递与交换。

①热对流作用。热对流是指由于地下水各部分之间的相对位移而导致的热量的传递过程。之所以会发生相对位移是因为流体与固体在接触过程中，两者在接触面上会发生热量的转移，这样流体各部分之间产生了温度差，进而促成了流体相对运动；另一个原因是在外力作用下流体流过固体表面。因此，对流大致可以分为两类：如果流体的流动是由于某种外界力产生的压力差而引起的，这样的传热过程称为强迫对流；如果流体的流动是由于固体表面和流体的热交换而使流体内部产生足够大的温度差引起的，这样的传热过程称为自然对流。

单位时间内由于热对流作用沿 x 轴流入和流出微元体的热量差为

$$- \phi \rho_\mathrm{f} c_\mathrm{f} \frac{\partial (\nu_x T)}{\partial t} \mathrm{d}x \mathrm{d}y \mathrm{d}z \mathrm{d}t$$

式中，ρ_f 为地下水的密度；c_f 为地下水的比热容；ν_x 为地下水的渗流速度矢量；T 为温度。

同理，在热对流作用下，沿 y 轴和 z 轴流入和流出微元体的热量差分别为

$$- \phi \rho_\mathrm{f} c_\mathrm{f} \frac{\partial (\nu_y T)}{\partial t} \mathrm{d}x \mathrm{d}y \mathrm{d}z \mathrm{d}t \; 和 \; - \phi \rho_\mathrm{f} c_\mathrm{f} \frac{\partial (\nu_z T)}{\partial t} \mathrm{d}x \mathrm{d}y \mathrm{d}z \mathrm{d}t 。$$

因此，在单位时间内由于热对流作用流入和流出单元体的总的热量差为

$$- \rho_\mathrm{f} c_\mathrm{f} \nabla (T\nu) \phi \mathrm{d}x \mathrm{d}y \mathrm{d}z \mathrm{d}t = \rho_\mathrm{f} c_\mathrm{f} \nabla \left[T \frac{k}{\mu_\mathrm{f}} (\nabla P - \rho g) \right] \mathrm{d}x \mathrm{d}y \mathrm{d}z \mathrm{d}t$$

②热传导作用。在物体内部或两个相互接触的物体之间，由于分子、原子及自由电子等微观粒子的热运动而产生的热量传递现象称为热传导。

傅里叶在对导热过程进行大量实验的基础上，于 1822 年提出了著名的导热基本定律——傅里叶定律。由傅里叶定律可知，热流密度的大小与温度梯度的绝对值成正比。其一般形式为

$$q = - \lambda \nabla T$$

单位时间内由热传导作用沿 x 轴流入和流出微元体的热量差为

$$\left\{ - \lambda_{\mathrm{f}\,x} \frac{\partial T}{\partial x} - \left[- \lambda_{\mathrm{f}x} \frac{\partial T}{\partial x} + \frac{\partial}{\partial x} \left(- \lambda_{\mathrm{f}x} \frac{\partial T}{\partial x} \right) \mathrm{d}x \right] \right\} \phi \mathrm{d}y \mathrm{d}z \mathrm{d}t = \frac{\partial}{\partial x} \left(\lambda_{\mathrm{f}x} \frac{\partial T}{\partial x} \right) \phi \mathrm{d}x \mathrm{d}y \mathrm{d}z \mathrm{d}t$$

同理，由于热传导作用沿 y 轴、z 轴流入和流出微元体的热量差分别为

$$\frac{\partial}{\partial y} \left(K_{\mathrm{f}y} \frac{\partial T}{\partial y} \right) \phi \mathrm{d}x \mathrm{d}y \mathrm{d}z \mathrm{d}t , \quad \frac{\partial}{\partial y} \left(K_{\mathrm{f}z} \frac{\partial T}{\partial z} \right) \phi \mathrm{d}x \mathrm{d}y \mathrm{d}z \mathrm{d}t$$

因此，在单位时间内流入和流出微元体总的热量差为

$$\nabla (K_\mathrm{f} \nabla T) \phi \mathrm{d}x \mathrm{d}y \mathrm{d}z \mathrm{d}t = \nabla (\phi K_\mathrm{f} \nabla T) \mathrm{d}x \mathrm{d}y \mathrm{d}z \mathrm{d}t$$

式中，K_f 为地下水的导热系数。

由上述各种作用引起的地下水热量变化值的总和将使地下水在 $\mathrm{d}t$ 时间内温度变化 $\mathrm{d}T$，而使体积为 $\phi \mathrm{d}x \mathrm{d}y \mathrm{d}z$ 的地下水温度变化 $\mathrm{d}T$ 所需要的热量为 $\rho_\mathrm{f} c_\mathrm{f} \phi \mathrm{d}x \mathrm{d}y \mathrm{d}z$。由能量守恒定律可知，使微元体内地下水温度变化 $\mathrm{d}T$ 所需要的热量应等于上述各种作用引起的热量变化的总和，即

$$\phi \rho_\mathrm{f} c_\mathrm{f} \frac{\partial T}{\partial t} = \nabla (\phi K_\mathrm{f} \nabla T) + \rho_\mathrm{f} c_\mathrm{f} \nabla \left[T \frac{k}{\mu_\mathrm{f}} (\nabla P - \rho g) \right] \tag{9.4}$$

（2）岩石骨架的热平衡

在单位时间内引起微元体岩石骨架热量变化的主要因素是岩石骨架的热传导

作用，利用与上面相同的推导方法可得到岩石骨架的热平衡方程

$$(1-\phi)\rho_r c_r \frac{\partial T}{\partial t} = \nabla[(1-\phi)K_r \nabla T] \tag{9.5}$$

式中，ρ_r，c_r，K_r 分别为岩石的密度、比热容和导热系数。

（3）热弹性耦合项

理论研究和实验结果均表明，岩石骨架的变形会影响岩体温度场的分布，热弹性耦合项为

$$Q = -(1-\phi)T_0 \gamma \frac{\partial \varepsilon_v}{\partial t}$$

式中，$\gamma = (2\mu + 3\lambda)\beta$，其中，$\beta$ 和 λ 为拉梅常数，β 为各向同性固体的线性膨胀系数；T_0 为岩石骨架和地下水的绝对温度。

3. 巷道围岩温度场控制方程

根据能量守恒原理，将式（9.4）、式（9.5）及源（汇）项相加，即可得到巷道围岩温度场控制方程

$$(1-\phi)\rho_r c_r + \phi\rho_f c_f + (1-\phi)T_0\gamma \frac{\partial \varepsilon_v}{\partial t}$$

$$= \nabla[(1-\phi)\lambda_r \nabla T + \phi\lambda_f \nabla T] + \rho_f c_f \nabla\left[T\frac{k}{\mu_f}(\nabla P - \rho g)\right] \tag{9.6}$$

由于岩石骨架和地下水总是处于热平衡状态，式（9.6）可以进一步化简为

$$\rho c \frac{\partial T}{\partial t} + (1-\phi)T_0 \frac{\partial \varepsilon_v}{\partial t} = \nabla(K_r \nabla T) + \rho_f c_f \nabla\left[T\frac{k}{\mu_f}(\nabla P - \rho g)\right]$$

式中，ρ 为由岩石和地下水组成的岩石介质的等效密度，$\rho = \phi\rho_f + (1-\phi)\rho_r$；$c$ 为由岩石和地下水组成的岩石介质的等效比热容，$c = \phi c_f + (1-\phi)c_r$；$K_r$ 为岩体介质的等效导热系数，$K_r = (1-\phi)\lambda_r + \phi\lambda_f$；$T_0$ 为岩体的绝对温度。

4. 岩体变形场控制方程

由动量守恒定律可以得到静力平衡方程

$$\nabla \cdot \sigma_{ij} + \rho f_i = 0 \tag{9.7}$$

式中，σ_{ij} 为总应力张量；$\rho = \phi\rho_f + (1-\phi)\rho_r$，为岩体介质的等效密度；$f_i$ 为岩体介质的体积力分量，当只考虑重力时，$f_i = (0,0,g)^T$，其中 g 为重力加速度。

对于饱和土，由有效应力原理可知，饱和土中任一点的总应力为该点有效应力与孔隙水压力之和。此后，许多研究者在此基础上进行了发展，认为 Terzaghi 有效应力原理在引入一个修正系数即 Biot 系数后可适用于岩石介质，其表达式可写成

$$\sigma_{ij} = \sigma'_{ij} + \alpha p \delta_{ij} \tag{9.8}$$

将式（9.8）代入式（9.7），得到用有效应力表示的静力平衡方程

$$\nabla(\sigma'_{ij} + \alpha p \delta_{ij}) + \rho f_i = 0 \tag{9.9}$$

将式（7.1）代入式（9.9），可得到热弹性平衡方程

$$\nabla \{ \boldsymbol{D}^e [\varepsilon_{ij} - \beta_s \delta_{ij}(T - T_0)] + \alpha p \delta_{ij} \} + \rho f_i = 0 \tag{9.10}$$

将式（7.2）代入式（9.10），得到各向同性热弹性平衡方程

$$\nabla [2G\varepsilon_{ij} + \lambda \delta_{ij}(T - T_0) + \alpha p \delta_{ij}] + \rho f_i = 0 \tag{9.11}$$

通过进一步的变换得到

$$G\nabla^2 u_i + (G + \lambda)\varepsilon_{V,i} - (2G + 3\lambda)\beta_r T_{,j}\delta_{i,j} + \alpha p_{,j}\delta_{i,j} + [\phi\rho_f + (1 - \phi)\rho_r]f_i = 0$$
$$(i = 1, 2, 3) \tag{9.12}$$

式（9.12）即温度场和渗流场共同作用下岩体变形场控制方程，分别对应热弹性、各向同性热弹性变形状态，式（9.11）和式（9.12）左边最后两项分别为温度效应产生的热应力和流体渗流对岩石骨架的渗透力，因此，这两个方程反映了温度场和渗流场对变形场的耦合作用。

第二节　巷道围岩温度场的流固耦合数值模拟分析

利用有限元软件地球物理模块中预先设定好的流动和固体形变模型，它包括达西定律应用模式（压力水头分析）和结构力学模块中的平面应变应用模式。当然，在两组偏微分方程之间还定义了许多交叉耦合项，其中达西定律应用模式中内置了岩石质点应变引起的流体体积变化耦合项，平面应变模式中内置了渗流作用引起的岩石骨架渗透力作用的耦合项。为了实现应力－渗流－温度三场全耦合的有限元数值分析，在流动和固体形变模型的基础上，将传热模型中的对流与传导应用模式整合到原有模型中去，并设定热流固三场耦合所需要设定的其他耦合项，包括变温条件下的热应力项、温度梯度引起的流体流动项、热对流作用所引起的温度场的变化项，并考虑到岩石骨架变形所引起的能量变化。利用上面给出的巷道围岩渗流－应力－温度三场耦合数学模型，借助软件的人机交换界面设定相应的参数，并加上相应的初始条件和边界条件，有限元软件在求解时，将先把流动和固体形变模型和平面应变应用模式结合在一起转换成一个统一的通式形式的偏微分方程，然后采用数值迭代方法求解这个总的通式形式的偏微分方程，同时解出位移场、渗流场和温度场，从而实现了三场的全耦合求解。

1. 模型建立

（1）几何模型及网格划分

研究区域资料来源于深埋巷道的原位监测数据，研究区域选定为 24m × 16m

范围内的巷道围岩，巷道断面为半圆拱形，断面宽度为 3.8m，直墙和拱高分别 2.6m 和 1.9m（见图 9.2），对图 9.2 所示巷道围岩进行网格剖分，共剖分 1311 个节点，2476 个三角形单元。

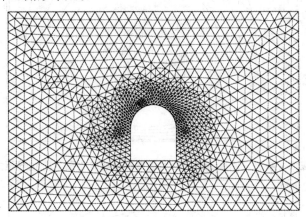

图 9.2　巷道围岩几何模型

（2）计算参数及边界条件

以大强煤矿辛 −9 号巷道为例，通过现场监测，巷道围岩类别为砂岩，巷道围岩密度为 2600kg/m³，弹性模量为 2.8109Pa，泊松比为 0.34，比热容为 0.84kJ/（kg·K），导热系数为 1.43W/（m·K），热膨胀系数为 6×10^{-6}/℃，岩石的渗透系数为 1.15×10^{-9}m/s，地下水流密度为 1000kg/m³，水流的热导率为 0.6W/（m·K），水流运动黏滞系数为 0.001Pa·s，参考温度设定为 20℃。

应力边界条件：边界约束为左右边界固定 x 方向位移，下边界为固定边界，上边界为压力边界，方向竖直向下，压力大小分别为 15MPa 和 25MPa。

渗流边界条件：左边界为水流流入边界，内边界为零压力边界，其他边界为不透水边界。

温度边界条件：下边界为温度边界，由实测的巷道底板的温度等值线分布图得到，其值 $T_1 = 46.44$℃，围岩上边界由温度梯度计算出的温度值 $T_2 = 45.62$℃，左右边界取两者的平均值 $T_3 = 46.03$℃，地温 35.2℃。

2．数值模拟结果分析

在研究区域施加自左向右的渗流场，初始渗流速度设定为 7×10^{-7}m/s，采用前面给出的巷道围岩应力 − 渗流 − 温度三场耦合数学模型，采用有限元软件对三场耦合时的巷道围岩温度场进行数值求解，图 9.3 至图 9.5 分别为上边界不同压力值时温度场等值线分布图以及不同边界压力值渗流速度的结果对比。

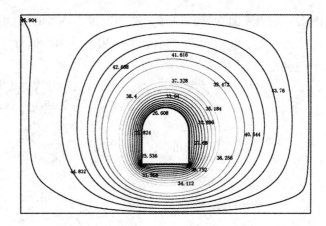

图 9.3　应力–渗流–温度三场耦合时温度等值线分布图（上边界压力 **15**MPa）

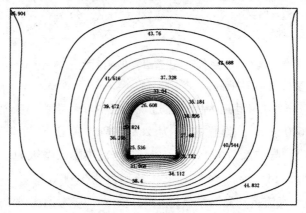

图 9.4　应力–渗流–温度三场耦合时温度等值线分布图（上边界压力 **25**MPa）

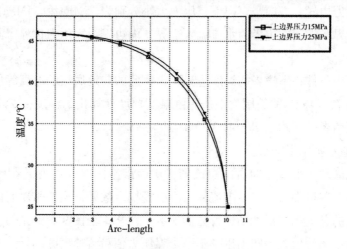

图 9.5　上边界不同压力值 x 轴左半轴温度值对比

　　结合前面巷道围岩的热力耦合分析，若只考虑应力这一种因素，应力对温度场分布的影响很小，基本上可以忽略不计，但对于有地下水渗流存在的三场耦合来说，巷道围岩温度场的分布和应力场有很大关系。通过图 9.3 和图 9.4 的对比可以看出：应力场的施加改变了巷道围岩温度场的分布，这是因为应力场将引起地下水渗流速度的变化；从影响范围来看，在应力集中区（巷道围岩两底角附近、圆形拱顶部分），应力对渗流速度的影响最大，远离应力集中区的影响相对较小；而渗流速度与巷道围岩温度场的分布密切相关，随着巷道围岩埋深的增大，地下水渗流速度的数值随之增大，由渗流所带来热质迁移也随之增大；同时，随着渗透速度的增加，热交换平衡区将向顺地下水流动的方向发生偏移，平衡区的范围也随之扩大。从图 9.5 可以得出：在温度的数值上，上边界压力为 25MPa 时的温度值比上边界压力值为 15MPa 时普遍偏高，这是因为随着埋深的增大，地下水流与岩石的热量交换更加充分，两者的温度差值逐渐减小。

第三节　裂隙岩体温度场的流固耦合作用机理分析

　　在对地下工程中裂隙岩体的温度场流固耦合分析中，当研究核心从研究较多的应力场转向温度场时，对温度场的变化起到直接作用的当属渗流场，甚至应力场对温度场的作用也主要是通过渗流场实现的。地下工程岩体的温度场本质上取决于岩体赋存位置的地温状况，其影响因素主要是应力－渗流的相互作用。应力场－渗流场－温度场之间的相互作用是一个复杂的过程（见图 9.6）。在相互作用的过程中包含力学过程、水力过程和换热过程，其中换热过程是导致温度场变化的最直接的因素。从作用的影响程度来看，又分为主要作用和微弱作用，应力与渗流综合表现出的流体参数（温度、流速、黏性等）会对温度场产生直接的影响，而应力场对温度场的力学能量转换和温度场对渗流场水弹性是微弱作用。

　　在研究温度场的变化过程中，换热过程显然是核心内容，既取决于岩体温度场，也受流体温度场的影响。在对温度场影响的主要作用方面，渗流场所表现出的综合影响最为明显，这种综合影响也包含应力场的作用，在作用过程中包含力学过程和水力过程对应的力学性质和水力性质的变化。在力学过程和水力过程中以岩体空隙体积变化为载体，外在表现为应力场作用下流体参数的变化，从而影响岩体的温度场变化；同时，温度场对应力场所产生的附加热应力又参与到渗流场和应力场的耦合过程中，形成三场之间的交互作用。对裂隙岩体来说，温度场对渗流场的微弱作用体现在由温度变化引起的水弹性对流体参数的影响，然而由

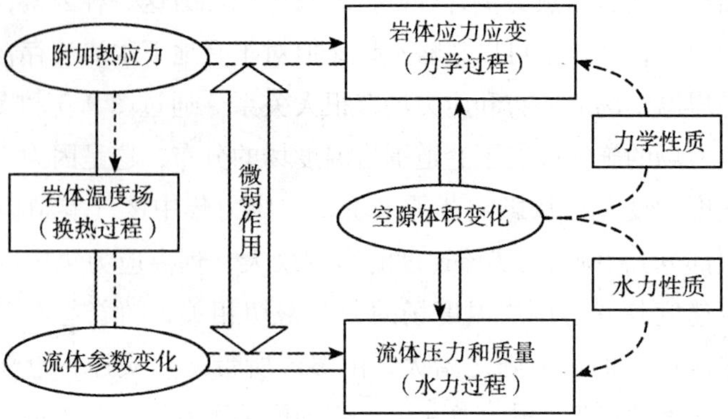

图 9.6 裂隙岩体温度场的流固耦合作用机理

于地下开采造成围岩扰动和存在大量的裂隙，大大削弱了水弹性对渗流参数的影响；应力场施加后理论上会因为力学能量转换而带来温度场的变化，这一现象对气体来说是不可忽视的，但从模拟结果来看，对岩体温度场的影响是极其微弱的，模拟过程中"岩体变形属小变形和不可压缩"的合理假定在某种程度上也是造成该现象的客观因素。

综合前面的研究结果和分析，从两场耦合的结果来看，若只考虑应力作用的影响，应力对温度场分布的影响很小，而温度对应力的影响比较明显，温度场与应力场的耦合基本上是单方面的，此时耦合问题可以转变为热应力问题；若只考虑渗流作用的影响，由于地下水渗流的存在，地下水将作为热量传递的载体参与到岩石系统的热量传递过程中。地下水的温度一般低于岩石的温度，在地下水渗流的过程中，热量将以热对流的方式由岩石传递给地下水流，使地下水流的温度沿地下水流动方向逐渐升高，最终接近岩体的温度，形成热交换平衡区，表明渗流伴随着热量的迁移。通过对两场耦合和三场耦合时巷道围岩温度场分布的结果对比看出，在有地下水渗流存在的三场耦合分析中，除了应力和渗流各自对温度场的影响外，应力场和渗流场之间的耦合效应也会影响温度场的分布，这是因为应力会影响流体流动和汇聚；反之，地下水的渗流会对岩石骨架产生渗透力作用，同时地下水的渗流运动也伴随着热质迁移，渗流所伴随的热迁移现象会改变巷道围岩温度场和温度矢量的分布状态。上面所说的这三种效应是同时发生的。另外，对于有地下水渗流参与的岩体系统，不管是两场耦合还是三场耦合，地下水都是热量传递的"载体"。正是地下水渗流的存在，才使得热量的传递过程得以顺利地进行。

第十章　裂隙岩体传热影响因素的反分析

　　岩体导热性质的反分析需要选择恰当的信息元，本书选择的反分析对象只有等效导热系数一个。反分析的对象个数单一时的计算较为简单，选择较多的分析对象时，常常会出现分析结果不唯一、计算结果不收敛等情况，即使可以求得结果，也较难计算。反分析所要用到的影响变量则选择了四个比较直观的物理量，较多的反演信息元可以得到更为精确的结果，并能更为全面地考察待分析参数，但同样，较多的信息元会增加耦合的难度，并有可能增大系统误差，所以反演的信息元选择很重要，在易于分析计算的同时要考虑信息元对计算精度的影响，充分考虑分析方案的可行性。

　　岩体等效导热系数的反分析需要从岩土体的温度场分布推导求出，选择反演信息元即选择影响温度场分布的物理量。岩土体本身导热性能的主要影响因素有很多，包括岩矿物组成、结构和构造等。由于构成岩土体物质的多样性和实验条件的限制，将矿物质列为信息元是十分困难的，岩土体自身容量与温度场分布的关系也难以直接判断。较为直观的影响温度场分布的主要是结构和构造，如孔隙、裂隙和其他各种结构面，由于孔隙和裂隙的存在，岩土体中包含空气或水体成分，这样的固液气三种物理状态的物质，导热性质有极大差别，从而能明显地影响温度场的分布形式，同时裂隙大小容易分析模拟。岩土体的渗透性能同样能对温度场的分布起显著影响作用，并且易于测得，所以孔隙率也可以列为信息元。

　　选择裂隙、孔隙率作为信息元是因为它们可以影响岩土体中水体的流通，裂隙是水体运动和赋存的通道，孔隙率则主要考虑对流体流动的影响，考虑到影响流体的外部环境。同样，流体本身的物理性质也可以作为信息元列入分析系统，流体流速对温度场影响十分明显，由流体携带热量进行的热传导是影响岩土体温度场分布的主要变量，流体的黏度则可以影响流速，进而对温度场分布产生影响，黏度对温度场的影响难以十分准确地计算，但可以列为影响因素之一，进而对所得结果进行修正。

第一节　岩体孔隙率对传热的影响

　　岩体孔隙率是指岩土体中孔隙与岩土体总体积的比值，可以反映岩体的透水能力，也可以间接地反映岩土体中微小裂隙的发育和连通情况。本节讨论孔隙率对温度场的影响，不考虑裂隙作为水体运动赋存的独立通道的影响，这样便可对岩土体整体利用均匀性假设，将岩土体当做均匀的多孔介质进行分析，并假设水体在岩土体中的流动为层流状态，当裂隙较大时，作为明显的流体赋存与流动的通道，对温度场和岩土体导热系数的影响进行独立分析。

1. 孔隙率对温度场分布的影响

孔隙率在大多数研究中，都需要进行均匀性假设，即假设孔隙的大小、分布都是均匀的，考察同种材料的孔隙率大小不等同时，不需要考虑空隙间的分布与连通情况，而是将孔隙看做岩土体自身的属性之一，完全均匀排列在岩土体当中，如图 10.1 所示。这样便可用工程传热学方法对岩土体进行分析，此时岩土体孔隙率对温度场的影响体现在整体的强度上，而对温度场分布的形态没有影响。

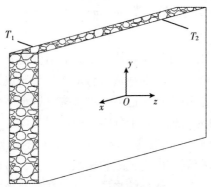

图 10.1 均匀性假设岩土体传热问题

一般工程热力学理论用来描述多孔介质的热学性质时，适用于孔隙率的范围为 10% ~ 90%。求解岩土体作为均匀孔隙介质材料时的传热问题，包括三种情况：岩土体固体和孔隙中气体和流体的热传导、孔隙中赋存气体和流体的热辐射、孔隙中流体的热对流，三种传热方式之间相互耦合作用。对于岩土体来说，气体流动对岩土体本身温度场的影响不大，且本书主要讨论流固耦合下岩土体的传热性质，故对气体传热不进行分析计算，利用工程热力学公式，此时整体传热问题热平衡方程为

$$\left.\begin{array}{l} \dfrac{\partial}{\partial x}\left(K\dfrac{\partial T^{\beta}}{\partial x} \right) + Q_x = 0 \\[2mm] \dfrac{\partial}{\partial y}\left(K\dfrac{\partial T^{\beta}}{\partial y} \right) + Q_y = 0 \qquad (x,\ y,\ z = \Omega,\ \beta = s,\ w) \\[2mm] \dfrac{\partial}{\partial z}\left(K\dfrac{\partial T^{\beta}}{\partial z} \right) + Q_z = 0 \end{array}\right\} \qquad (10.1)$$

孔隙中固相与液相之间的热平衡方程为

$$\left.\begin{array}{l}
- K_{\mathrm{w}}\dfrac{\partial T_{\mathrm{w}}}{\partial x} - K_{\mathrm{s}}\dfrac{\partial T_{\mathrm{s}}}{\partial x} = \sigma T - \displaystyle\int_{S}\sigma T\mathrm{d}F \\[3mm]
- K_{\mathrm{w}}\dfrac{\partial T_{\mathrm{w}}}{\partial y} - K_{\mathrm{s}}\dfrac{\partial T_{\mathrm{s}}}{\partial y} = \sigma T - \displaystyle\int_{S}\sigma T\mathrm{d}F \quad (x,y,z \in S^{(i)}, \alpha(T - T_{\mathrm{f}}) = q_{\mathrm{f}}) \\[3mm]
- K_{\mathrm{w}}\dfrac{\partial T_{\mathrm{w}}}{\partial z} - K_{\mathrm{s}}\dfrac{\partial T_{\mathrm{s}}}{\partial z} = \sigma T - \displaystyle\int_{S}\sigma T\mathrm{d}F
\end{array}\right\} \quad (10.2)$$

式中，K 为岩土体等效导热系数；T 为温度；α 为对流系数；σ 为辐射常数体；角标 s，w 分别为岩土体的固相与岩土体中赋存水体的液相；Ω 为岩土体材料所占的空间区域。方程（10.1）和方程（10.2）之间存在高度的非线性耦合，研究中更为关注的是岩土体的整体性质，可简单地用热源温度和吸收热源温度之差与热量密度的比值来表示。得出导热系数计算公式为

$$K = \frac{\overline{q}}{(T_1 - T_2)/t} = \frac{\overline{q}t}{T_1 - T_2}$$

此时的岩土体温度场可以用来计算并考察岩土体孔隙率对温度场的影响，首先需要确定岩土体的等效导热系数。

2. 孔隙率与导热系数的关系

将热平衡方程（10.1）和方程（10.2）等效成岩土体内部各个位置的导热系数相同的传热问题求解，在此应用了均匀性假设和各向同性假设。取岩土体单位体积的单元体，用三个坐标方向作为描述尺度，可以写出温度控制方程

$$\lambda_x \frac{\partial^2 T}{\partial x^2} + \lambda_y \frac{\partial^2 T}{\partial y^2} + \lambda_z \frac{\partial^2 T}{\partial z^2} = 0$$

式中，λ_x，λ_y，λ_z 分别是 x，y，z 方向的导热系数，W/(m·K)。

边界条件是岩土体与外界相互作用的状态，存在两种边界条件，岩土体表面的温度函数作为已知条件时，称为第一种边界条件，$T = T_a(t)$（x，y，$z \in \Omega_a$）；第二种边界条件 $\lambda \partial T/\partial n = q$，（$x$，$y$，$z \in \Omega_b$）；式中 T_a 为第一种边界条件中 Ω_a 中已知的温度，$\lambda \partial T/\partial n = q$ 是

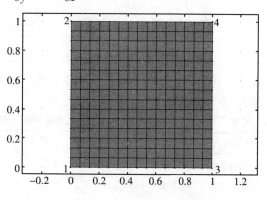

图 10.2　有限元划分网格

Ω_b 上的热流量。建立模型（见图 10.2），有限元模型的左边界与右边界设置为第一种边界条件，边界条件分别为 $T_u = 10℃$，$T_d = 60℃$，上边界和下边界设置为第二类边界条件，即绝热边界，模型共 225 个单元，256 个节点，岩土体的导热系

数为 3.40W/（m·K），水的导热系数取 0.58W/（m·K），空气的导热系数为
0.023W/（m·K）。

采用生成随机数的方法模拟孔隙率的均匀分布，以便模拟岩土体孔隙率假设
的均匀状态，对岩土体中水体体积与岩土体体积的比较值进行处理，然后求解不
同孔隙率下岩土体通过的热流量，由工程热力学稳态热传导问题解法计算岩土体
的等效导热系数，三维稳态求解为

$$\begin{cases} q_x = -\lambda_x \dfrac{\mathrm{d}T}{\mathrm{d}x} \\ q_y = -\lambda_y \dfrac{\mathrm{d}T}{\mathrm{d}x} \\ q_z = -\lambda_z \dfrac{\mathrm{d}T}{\mathrm{d}x} \end{cases}$$

对模型进行分析求解，得到不同孔隙率对应节点的热流密度值，各种孔隙率
下不同节点的热流密度见表 10.1。

表 10.1 　　　　　　　　　不同孔隙率对应部分节点的热流密度值 　　　　　　　 W/m²

孔隙率/%	节点号							
	15	16	17	18	19	20	21	22
10	30.9	32.2	29.9	31.2	33.2	32.2	32.4	33.7
20	28.2	26.16	27.7	30.3	19.4	20.8	29.3	31.5
30	21.4	18.5	20.3	20.5	12.2	11.4	24.3	28.7
40	16.6	15.2	17.4	16.9	11.2	10.3	21.8	25.4
50	14.5	14.8	15.6	14.5	9.7	9.2	17.6	19.3
60	13.3	13.7	16.3	13.4	8.8	7.8	15.4	17.4
70	12.3	13.3	15.5	12.4	8.4	7.9	14.4	13.4

求不同孔隙率下岩土体的等效导热系数，采用参数扫略的方式，对孔隙率为
10%~70% 的初始值与终值按 0.1 的步长进行计算，可以得到此组孔隙率的热流
密度值，见表 10.2。

表 10.2 　　　　　　　　　不同孔隙率对应的等效导热系数 　　　　　　　 W/（m·K）

孔隙率/%	10	20	30	40	50	60	70
导热系数	2.97	1.95	1.24	0.74	0.48	0.21	0.12
等效导热系数	3.26	2.45	1.91	1.52	1.31	1.07	0.99
修正量	0.29	0.5	0.67	0.78	0.83	0.86	0.87

将计算得出的孔隙率和等效导热系数线性回归，得到两者相互关系的指数关
系图，如图 10.3 所示，明显可以看出等效导热系数随孔隙率的增加而减小，减
小的趋势逐渐放缓。图 10.3 中只列出了流固耦合条件下等效导热系数的拟合公

式，修正前的导热系数拟合公式未列出。

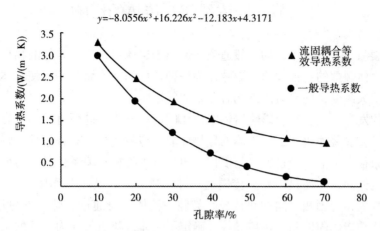

$$y=-8.0556x^3+16.226x^2-12.183x+4.3171$$

图 10.3　孔隙率和等效导热系数的线性回归

可以得到孔隙率为10% ~70%的范围时，岩土体等效导热系数的拟合曲线为 $y = -6.6667x^3 + 15.655x^2 - 12.846x + 4.41$，并且拟合程度较好。岩土体的导热系数随着孔隙率的增加而减小，因为岩土体骨架的导热系数要大于其孔隙之中的液体的导热系数，由于孔隙中液相导热系数又高于空气的导热系数，所以经流固耦合后岩体等效导热系数要大于未考虑岩土体中水分的导热系数。

将修正前后的导热系数之差进行拟合，如图 10.4 所示，可以观察到修正前后导热系数的改变量趋势，并得到修正量的三次拟合公式

$$y = 1.6667x^3 - 4.1667x^2 + 3.3524x - 0.0086$$

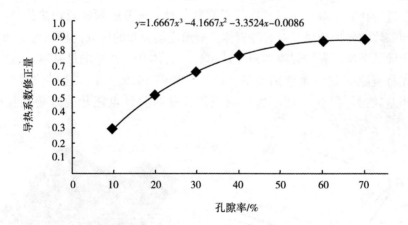

图 10.4　修正前后导热系数改变量

该方法可以计算流固耦合条件下的岩体的导热系数，为室内试验测试岩土体导热系数提供参考。

第二节　岩体裂隙对传热的影响

岩体裂隙作为水体渗流的一般通道，遍布于岩体中，考虑岩体的物理性能就必须考虑岩体裂隙的物理性质。裂隙作为一种常见的结构面，不但使岩体的力学特性发生很大改变，同时对渗流场有非常大的影响。

裂隙的发育情况会直接影响岩体中流体的运动方式，进而直接影响岩体温度场，并且可以显著地改变整个岩体的导热性能。裂隙存在具有普遍性，将裂隙作为反演对象很有价值，通过实验与模拟的角度分析其相互关系也是可行的。在岩体裂隙和流体间，即使只研究热传递这一种传热方式，其相互作用也十分复杂，如岩体自身固相与固相之间的热传导、裂隙中流体自身通过裂隙时的热量损失、裂隙中流体与岩体固体间的热传导等。确定了岩体裂隙热传导为反演的主要研究内容后，研究的方法也同样重要。利用工程热力学公式配合基本假设，推导裂隙温度场和渗流场的耦合方程，由裂隙通道中心向四周建立模型，并建立热传导方程，最后反分析裂隙改变对等效导热系数的作用。

1. 岩体裂隙对温度场的影响

裂隙是岩体除孔隙外流体赋存和运动的又一重要通道，并且裂隙中水体运动方向与渗流场有明显差别，它的运动方向更为固定。裂隙中的流体同孔隙中的流体研究方法有较大不同。对岩体裂隙进行研究时，同样需要将研究对象假设为均匀且连续的块体。当岩体内赋存流体时，流体会携带热量同岩体发生热传递，其方式有三种，即热传导、热辐射和热对流。

在进行孔隙率对岩体温度场的影响研究时，只考虑固液两相热传导的影响。为得到一致的分析结果，对裂隙岩体影响温度场分布的研究同样只考虑固液两相间热传导的影响。岩体裂隙的研究从单裂隙岩体开始，考虑最基本的裂隙单元，一般先将裂隙等效为无差别的平行缝隙，如图 10.5 所示，这样的情况与真实情况相差较远，但在长度不大的时候，这样的假设也能较为理想地反映裂隙情况。

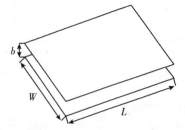 

图 10.5　岩体裂隙简化为光滑平行岩体裂隙模型

描述裂隙水运动需要用到裂隙水动力学中的立方定律，根据水体运动的方式，应用质量守恒方程、动量守恒方程、能量守恒方程，由三组守恒方程列出描述裂隙中渗流场携带热量流动的状态方程。

（1）流体连续性微分方程

$$\frac{\partial(\rho u_x)}{\partial x} + \frac{\partial(\rho u_y)}{\partial y} + \frac{\partial(\rho u_z)}{\partial z} = -\frac{\partial \rho}{\partial t} \qquad (10.3)$$

（2）流体动量守恒微分方程

$$\left.\begin{array}{l} \dfrac{\partial u_x}{\partial t} + u_x \dfrac{\partial u_x}{\partial x} + u_y \dfrac{\partial u_x}{\partial y} + u_z \dfrac{\partial u_x}{\partial z} - \mu\left(\dfrac{\partial^2 u_x}{\partial x^2} + \dfrac{\partial^2 u_x}{\partial y^2} + \dfrac{\partial^2 u_x}{\partial z^2}\right) = F_x - \dfrac{1}{\rho}\dfrac{\partial p}{\partial x} \\[3mm] \dfrac{\partial u_y}{\partial t} + u_x \dfrac{\partial u_y}{\partial x} + u_y \dfrac{\partial u_y}{\partial y} + u_z \dfrac{\partial u_y}{\partial z} - \mu\left(\dfrac{\partial^2 u_y}{\partial x^2} + \dfrac{\partial^2 u_y}{\partial y^2} + \dfrac{\partial^2 u_y}{\partial z^2}\right) = F_y - \dfrac{1}{\rho}\dfrac{\partial p}{\partial y} \\[3mm] \dfrac{\partial u_z}{\partial t} + u_x \dfrac{\partial u_z}{\partial x} + u_y \dfrac{\partial u_z}{\partial y} + u_z \dfrac{\partial u_z}{\partial z} - \mu\left(\dfrac{\partial^2 u_z}{\partial x^2} + \dfrac{\partial^2 u_z}{\partial y^2} + \dfrac{\partial^2 u_z}{\partial z^2}\right) = F_z - \dfrac{1}{\rho}\dfrac{\partial p}{\partial z} \end{array}\right\} \quad (10.4)$$

式（10.4）为 N-S 方程。式中，u_x，u_y，u_z 为流体在坐标轴方向上的流速；μ 为流体黏滞系数；$\frac{\partial u_x}{\partial t}$，$\frac{\partial u_y}{\partial t}$，$\frac{\partial u_z}{\partial t}$ 为流体速度场随时间的改变，表征局部速度的改变。当流体的流速很慢时，式（10.4）可简化为

$$\left\{\begin{array}{l} \dfrac{\partial u_x}{\partial t} - \mu\left(\dfrac{\partial^2 u_x}{\partial x^2} + \dfrac{\partial^2 u_x}{\partial y^2} + \dfrac{\partial^2 u_x}{\partial z^2}\right) = F_x - \dfrac{1}{\rho}\dfrac{\partial p}{\partial x} \\[3mm] \dfrac{\partial u_y}{\partial t} - \mu\left(\dfrac{\partial^2 u_y}{\partial x^2} + \dfrac{\partial^2 u_y}{\partial y^2} + \dfrac{\partial^2 u_y}{\partial z^2}\right) = F_y - \dfrac{1}{\rho}\dfrac{\partial p}{\partial y} \\[3mm] \dfrac{\partial u_z}{\partial t} - \mu\left(\dfrac{\partial^2 u_z}{\partial x^2} + \dfrac{\partial^2 u_z}{\partial y^2} + \dfrac{\partial^2 u_z}{\partial z^2}\right) = F_z - \dfrac{1}{\rho}\dfrac{\partial p}{\partial z} \end{array}\right.$$

（3）流体能量守恒方程

流体温度分布情况为

$$\frac{\partial T}{\partial t} + u_x \frac{\partial T}{\partial x} + u_y \frac{\partial T}{\partial y} + u_z \frac{\partial T}{\partial z} = \frac{\lambda}{\rho c_p}\left(\frac{\partial^2 T}{\partial x^2} + \frac{\partial^2 T}{\partial y^2} + \frac{\partial^2 T}{\partial z^2}\right) + Q_T \qquad (10.5)$$

式中，λ 为流体热导率；c_p 为比定压热容；T 为温度；Q_T 为内热源。

分析裂隙岩体中流体的渗流场时，采用了二维平面模型，描述流体质点在二维空间的运动形式，所以在进行数值分析时，应用的为方程（10.3）、方程（10.4）和方程（10.5）的二维形式。由基础的流体动力学知识，岩体裂隙中的流体运动存在两种状态，即紊流和层流。在之前的假设中，已经将岩体原本粗糙、无明显规则的裂隙简化，简化后裂隙成为等宽光滑的平行通道。同时，对式（10.4）的 N-S 方程进行简化时，已经将流体流速设定为流速很小的情况，所以层流假设依然适用。

岩体温度场和渗流场之间有多种相互作用的形式，当岩体中的液体产生流动时，流体附带的热能会与其接触的岩体产生热交换，从而改变岩体的热状态。流体与岩体交换的热量值可以根据流体的连续性和能量守恒方程计算，裂隙中流体连续性方程与流速有关，流速也是影响温度场分布的一个十分重要的因素。本书稍后会将流速也作为反分析的信息元之一，同裂隙一起模拟，考察岩体裂隙中流速对温度场的影响，进而分析岩体在裂隙和裂隙流速影响下的等效导热系数。

2. 岩体裂隙与导热系数

在对岩体的各种物理性质进行讨论时，一般都会对岩体进行各向同性假设，但如果岩体存在明显的结构面，则显然不适应各向同性假设。

在考虑裂隙对岩体导热系数影响效果时，由于岩体结构的影响，传热性能在两个不同方向产生差异，将二维的传热问题分解为两个垂直方向的传热问题（见图10.6），首先对其中一个方向的热传导进行计算，可以比较简单地得到岩体的等效导热系数。

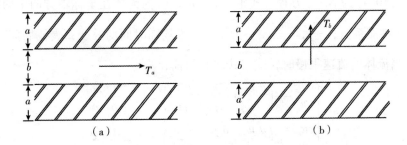

图10.6　岩体一维传热热流方向示意图

岩体的导热性能研究方法中，仍然将岩体假设为均匀的、各向同性的多孔介质进行分析，当存在裂隙时，会对岩体的导热性产生显著的影响，此时，岩体除裂隙外，其他部分仍然采用各向同性假设，但必须计算裂隙部分对岩体带来的影响。裂隙的存在使热能传输通道具有明显的二相性，热量传输方向之一是沿着裂隙的发育方向，另一个热量传输方向是垂直裂隙指向岩体的传输方向，如图10.6所示，在进行等效导热系数反分析时，必须将裂隙垂直方向与裂隙平行方向同时考虑。

（1）平行裂隙方向上的等效导热系数

计算温度场为稳态状态下的等效导热系数，液相与固相有相同的热分布，岩体的热流密度相同，均为 T_a，岩体与流体的导热系数分别为 λ_s 与 λ_w，可以得到等效导热系数

$$\lambda_{eq1} = \frac{a\lambda_s + b\lambda_w}{a + b}$$

（2）垂直裂隙方向上的等效导热系数

应用工程热力学中稳态分层介质中热传导理论进行计算，可得等效导热系数

$$\lambda_{eq2} = \frac{(a + b)\ \lambda_w \lambda_s}{a\lambda_s + b\lambda_w}$$

从一个方向上的稳态热传导问题中可以容易地求得岩体两个方向上的等效导热系数，接下来求二维稳态状态下岩体的等效导热系数。图 10.7 所示为两个简单传热方向导热系数计算叠加后二维传热热流方向示意图。

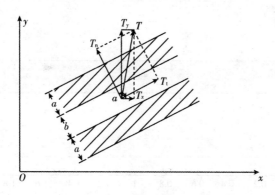

图 10.7　岩体二维传热热流方向示意图

x，y 方向上的热流梯度 T_x，T_y 由总温度梯度 T 沿坐标轴方向分解而成，可以转化为平行裂隙的温度梯度 T_t 和垂直裂隙的温度梯度 T_n，转化公式

$$\begin{pmatrix} \sin a & -\cos a \\ \cos a & \sin a \end{pmatrix} \begin{pmatrix} T_x \\ T_y \end{pmatrix} = \begin{pmatrix} T_t \\ T_n \end{pmatrix}$$

同一维热传导计算方法，二维传热问题中裂隙平行裂隙方向的等效导热系数为

$$\lambda_{eq1} = \frac{a\lambda_s + b\lambda_w}{a + b}$$

二维传热问题中裂隙垂直裂隙方向的等效导热系数为

$$\lambda_{eq2} = \frac{(a + b)\ \lambda_s \lambda_w}{a\lambda_s + b\lambda_w}$$

根据傅里叶定律可求得热流密度

$$Q_t = -\lambda_{eq1} T_t, \ Q_n = -\lambda_{eq2} T_n$$

将热流量进行转化，得到整体坐标中的热流量

$$\begin{pmatrix} -\lambda_t \sin a & -\lambda_n \cos a \\ \lambda_t \cos a & -\lambda_n \sin a \end{pmatrix} \begin{pmatrix} \sin a & -\cos a \\ \cos a & \sin a \end{pmatrix} \begin{pmatrix} T_x \\ T_y \end{pmatrix} = \begin{pmatrix} \sin a & -\cos a \\ \cos a & \sin a \end{pmatrix} \begin{pmatrix} Q_t \\ Q_n \end{pmatrix} = \begin{pmatrix} Q_x \\ Q_y \end{pmatrix}$$

可以得出裂隙在二维热传导方程计算中的等效导热系数为

$$\begin{pmatrix} \lambda_t \sin^2 a - \lambda_n \cos^2 a & (\lambda_n - \lambda_t)\ \sin a \cos a \\ (\lambda_n - \lambda_t)\ \sin a \cos a & \lambda_t \cos^2 a + \lambda_n \sin^2 a \end{pmatrix}$$

用算例验证以上等效导热系数推导的可行性，建立有限元模型，对岩体的左右两侧与上下两侧分别施加边界条件，测试岩体在不同方向上温度场的分布变化情况。

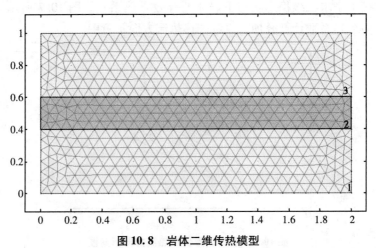

图 10.8　岩体二维传热模型

设置岩体的导热率为 3.0W/（m·K），水的导热率取为 0.7W/（m·K），裂隙带宽度 0.2m，岩体整体高度 1m，按各向同性假设条件下的傅里叶定律，结合以上公式，直接计算岩体的等效导热系数。但由于岩体存在裂隙，不同边界条件会使岩体中同一节点产生不同结果。对右边界和下边界分别施加初始温度边界条件，初始温度值均为 20℃；对左边界和上边界施加初始温度条件，初始温度值为 90℃。在岩体内部任意取两点进行观察，列出不同边界条件下该点的温度值，如图 10.9 和图 10.10 所示。

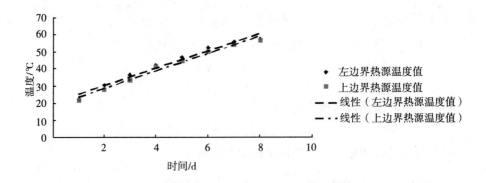

图 10.9　第 137 号节点不同方向热源时温度变化情况

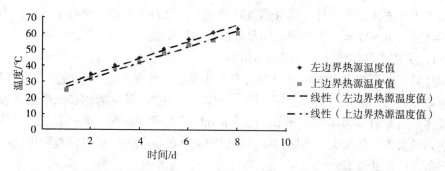

图 10.10 第 423 号节点不同方向热源时温度变化情况

从图 10.9 和图 10.10 可以看出，由于裂隙影响，岩体导热性能发生变化，不再是各向同性。对岩体进行了各向同性假设，但岩体在不同方向上，整体的等效导热系数还是出现了差异。节点的热边界条件均相同，但从最后的趋势线可以看出，由于裂隙的存在，岩体的导热性能明显减小，并且在不同方向上等效导热系数值也不同，尤其在裂隙发育程度较强的地质体中。此外，裂隙宽度影响垂直裂隙方向的导热系数，这是由热传递的路径改变引起的。本书中未对裂隙宽度进行讨论说明。本节的主要目的是定性研究裂隙传热性质，为下一节裂隙水流速对导热系数的影响的提出奠定基础。

第三节　流体流速对传热的影响

前面通过对裂隙中孔隙水静止状态的等效导热系数进行讨论，对岩体温度场到达稳态时固液耦合的导热能力进行了初步分析，但并未考虑裂隙中流体流动的状态。进行等效导热系数的研究时，流体流速是需要考虑的因素之一。在自然界中，岩体裂隙发育较强时，裂隙水的导热是岩体温度场改变的重要物理条件，将裂隙水流动速度列为信息元是有现实意义的。

岩体与外界进行热交换的方式有热传导、热对流和热辐射，对裂隙流体流速的讨论仍然只考虑热传导的影响，对流和辐射传热方式在此处没有涉及。将岩体中流体的流速作为信息元，反演等效导热系数，对岩体裂隙中流体传热进行研究时，同样要用到多种假设。在第二节研究岩体裂隙对传热的影响时，添加将粗糙无规则的裂隙简化为光滑平行裂隙的假设。将流体流动作为信息元进行计算时，不但需要承接以上对岩体的假设，而且需要加入对流体部分的假设。为了提高分析计算的可行性，将裂隙中流体的流动假定为层流状态，并且是不可压缩的。另一个流体的假设是只考虑流体在裂隙中的运动，因为此时岩体中渗流同流体的作用相比较，不再是主要影响因素，而且将渗透这一信息元暂时去掉，会提高模型的辨识性，更容易观察到每个信息元的作用强度。在裂隙中，岩体同外界进行热交换的主要方式是热传导，携带热能的介质不仅是岩体本身，裂隙中流体作为流动的介质，也不断地为岩体温度场改变进行热量交换。

1. 裂隙中流体流速对温度场的影响

计算流体流速对温度场的影响，需要用到 N-S 方程，即包括连续性方程、质量守恒方程、能量守恒方程等，结合流体力学知识，建立岩体裂隙模型，裂隙中流体的运动速度为抛物线分布，边界部分流速为零，而在裂隙中心处，流体流速达到最大值。假设裂隙为圆管状，裂隙中流体的流态为层流时，裂隙中流体断面上各点的流速可表示为

$$u = (r_0^2 - r^2)\frac{\gamma J}{4\mu} \tag{10.6}$$

式中，γ 为流体容重；J 为水力坡度；μ 为动力黏度；r_0 为裂隙半径；r 为断面上任意一点到裂隙中心的垂直距离。

可以明显看出，层流时裂隙断面流速分布为二次抛物线形式，如图 10.11 所示，最大流速发生在裂隙中心位置，$u_{\max} = \frac{\gamma J}{4\mu} r_0^2$，裂隙面的平均流速为

$$\bar{u} = \frac{Q}{A} = \frac{\int_A u \mathrm{d}A}{A} = \frac{\gamma J}{8\mu} r_0^2$$

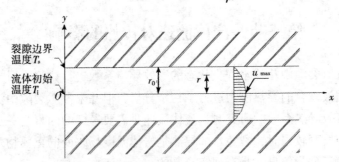

图 10.11 裂隙流体流速影响温度场分布模型

根据裂隙水模型采用的假设，对式（10.3）、式（10.4）和式（10.6）进行处理

$$\begin{cases} \left(\dfrac{\partial^2 T}{\partial x^2} + \dfrac{\partial^2 T}{\partial y^2}\right)\dfrac{\gamma_1}{\rho c_p} = \dfrac{\partial T}{\partial x}u_x + \dfrac{\partial T}{\partial y}u_y + \dfrac{\partial T}{\partial t} \\[2mm] F_x + \left(\dfrac{\partial^2 u_x}{\partial x^2} + \dfrac{\partial^2 u_x}{\partial y^2}\right)\mu - \dfrac{\partial p}{\partial x}\dfrac{1}{\rho} = \dfrac{\partial u_x}{\partial x}u_x + \dfrac{\partial u_x}{\partial y}u_y + \dfrac{\partial u_x}{\partial t} \\[2mm] F_y + \left(\dfrac{\partial^2 u_y}{\partial x^2} + \dfrac{\partial^2 u_y}{\partial y^2}\right)\mu - \dfrac{1}{\rho}\dfrac{\partial p}{\partial y} = \dfrac{\partial u_y}{\partial x}u_x + \dfrac{\partial u_y}{\partial y}u_y + \dfrac{\partial u_y}{\partial t} \\[2mm] \dfrac{\partial u_x}{\partial x} + \dfrac{\partial u_x}{\partial y} = 0 \end{cases}$$

由于裂隙中的流体运动，流体热量和岩体热量相互作用，根据能量方程

$$Q_T + \left(\frac{\partial^2 T}{\partial x^2} + \frac{\partial^2 T}{\partial y^2} + \frac{\partial^2 T}{\partial z^2} \right) \frac{\lambda_1}{\rho c_p} = \frac{\partial T}{\partial x} u_x + \frac{\partial T}{\partial y} u_y + \frac{\partial T}{\partial z} u_z + \frac{\partial T}{\partial t}$$

式中，T 表示温度；Q_T 为内热源项；u_x，u_y，u_z 是流体在空间坐标方向 x，y，z 上的速度；λ_1 为流体的热导率；c_p 为比热容；μ 为流体黏滞系数，由于黏滞系数是随温度变化的，并且随温度的增加而减小，所以取黏滞系数的值恒等于 1.005。

能量方程可以描述流体温度状态，流体中流体温度随时间的变化为 $\frac{\partial T}{\partial t}$，$\frac{\partial T}{\partial x} u_x$ $+ \frac{\partial T}{\partial y} u_y + \frac{\partial T}{\partial z} u_z$ 表示流体在运动时的温度改变，即温度对流变化。

岩体中的热传递可以由传热学知识求解，在裂隙岩体中热辐射的能量传递值很小，所以一般进行热分析时，只将流体与岩体之间的热对流和热传导作为讨论对象。由热力学相关理论可知，在一个系统中，系统中各点的温度最终会变成稳定状态，热量从能量高的区域向能量低的区域转移，而两个区域中能量流动的快慢和这两个区域的热能高低有关，热能相差越高，这两个区域间的能量流动速度越快；反之，这两个区域间能量流动速度就慢。

能量转移速度和能量高低之间的关系符合傅里叶定律

$$q = -\lambda \, \mathbf{grad} t$$

式中，q 为热量，λ 是系统的无差异导热系数，$\mathbf{grad} t$ 为两个区域间温度梯度。

裂隙的渗透性要远远好于岩体自身的渗透性，所以裂隙的存在将是流体流动的主要场所。不考虑岩体中除裂隙外的其他形式的渗流，对岩体中裂隙流体流动时携带的热量对岩体温度场影响进行分析，建立有限元模型，在裂隙处采用精细的网格划分，如图 10.12 所示。

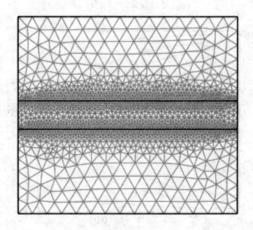

图 10.12 裂隙流体流速对温度场影响的有限元模型

对模型施加渗流边界条件和温度边界条件，其中裂隙的左边界为流体进入裂隙的内边界，裂隙的右边界为流体流出裂隙的外边界，岩体上下边界为 NOslid 边界条件。对岩体的上下边界分别取边界温度值 $T_1 = 45℃$；$T_2 = 55℃$；流体的初始温度值取 $T_0 = 20℃$；比热容 $c_p = 0.85\text{J}/(\text{kg} \cdot \text{K})$；岩体密度 $\rho_r = 2500\text{kg/m}^3$；导热系数 $1.45\text{W}/(\text{m} \cdot \text{K})$。

裂隙流体在裂隙中流动时，对周围环境不断有温度补偿，在流体与接触边界面上，始终发生着热传导，使岩体与受裂隙影响部分的温度达到平衡，二维稳态热传导方程对于内部无热源的问题有

$$\frac{\partial^2 t}{\partial x^2} + \frac{\partial^2 t}{\partial y^2} = \nabla^2 t$$

对岩体施加的初始条件和边界条件满足两类边界条件，一种为定温度边界条件，另一种为定热流边界条件，前者是强制的边界条件。对裂隙岩体进行数值模拟，结果如图 10.13 和图 10.14 所示。

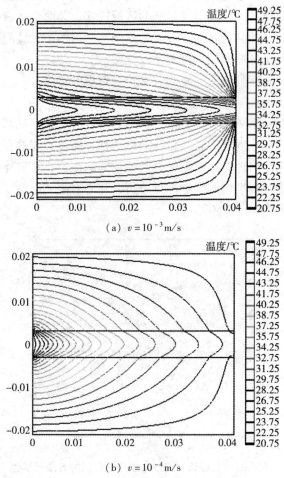

(a) $v = 10^{-3}\text{m/s}$

(b) $v = 10^{-4}\text{m/s}$

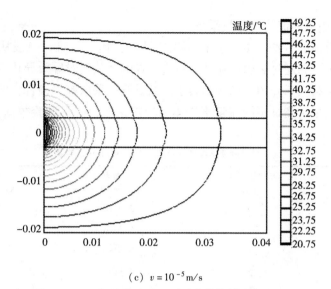

（c）$v = 10^{-5}\mathrm{m/s}$

图 10.13　不同流体流速下裂隙岩体的等温线分布图

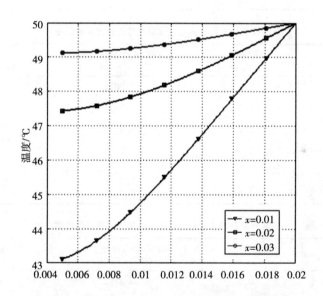

图 10.14　流体流速为 $10^{-5}\mathrm{m/s}$ 时不同截面的等温线

　　从以上模拟情况可以清楚地看到，流体在裂隙中运动的过程中，与岩体进行了热交换，流体流速的改变对岩体温度场分布的影响非常明显。流速越快，携带热量越迅速地与岩体进行交换；流体流速慢时交换较少，即对温度场的改变影响有限。将流体与岩体看做整体时，岩体的温度场分布是受到自身温度与流体温度、流体速度耦合影响的结果，所以将裂隙中流体流速列为反分析的信息元是非常必要的。

2. 裂隙中流体流速与导热系数

对流速反演的方法，如果直接从流速计算会比较困难，一般从平均速度入手，对在一定时间通过裂隙的流体流量进行控制，从而对等效导热系数进行反分析。根据本书第三章介绍的试验制备了三组试样，采取等温条件，将流量作为单独的信息元变量，测试不同流量下岩体的导热系数，所得试验数据如表 10.3 至表 10.5 所列。

表 10.3　　　　　　　　a 试样裂隙流体流量与岩体等效导热系数试验数据

a 试样 试验编号	裂隙流量/ （mL/s）	岩体等效导热系数/ （W/（m·K））	比热容/ （kJ/（kg·K））
1	0.0	2.9710	0.9534
2	1.2	3.2016	0.9054
3	1.7	3.6267	1.0028
4	2.3	3.5481	1.0476
5	2.9	3.3689	1.1468
6	3.6	3.3267	1.1125

表 10.4　　　　　　　　b 试样裂隙流体流量与岩体等效导热系数试验数据

b 试样 试验编号	裂隙流量/ （mL/s）	岩体等效导热系数/ （W/（m·K））	比热容/ （kJ/（kg·K））
1	0.0	3.2012	0.8312
2	1.2	3.2923	0.8883
3	1.7	3.8736	0.9257
4	2.3	3.7371	0.9843
5	2.9	3.5431	1.1312
6	3.6	3.3896	1.2292

表 10.5　　　　　　　　c 试样裂隙流体流量与岩体等效导热系数试验数据

c 试样 试验编号	裂隙流量/ （mL/s）	岩体等效导热系数/ （W/（m·K））	比热容/ （kJ/（kg·K））
1	0.0	2.8152	0.9220
2	1.2	3.1628	0.7991
3	1.7	3.5537	0.9476
4	2.3	3.4510	1.2635
5	2.9	3.2203	1.2313
6	3.6	3.1618	1.3079

由以上三组裂隙流体流量与等效导热系数的数据，绘制出流量与等效导热系数之间关系的散点图（见图 10.15 与图 10.16）。

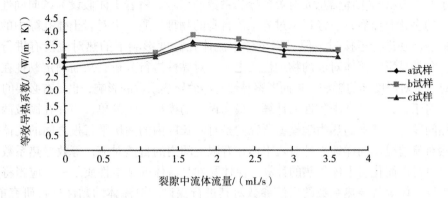

图 10.15 裂隙中流体流量与等效导热系数之间的关系

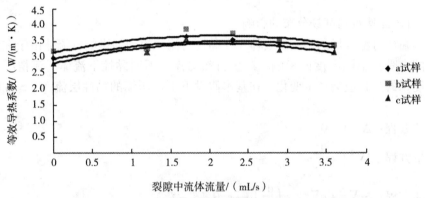

图 10.16 裂隙中流体流量与等效导热系数二次多项式拟合

经过高斯拟合得

$$\lambda_{eq} = 2.8635 + 1.8309/(2.1438 \times \sqrt{\pi/2}) \times e^{-2 \times [(Q-1.8373)/2.1846]^2}$$

可以观察到，裂隙中存在流体时，岩体的导热性能发生了改变，在流体流速比较低的时候，岩体的等效导热系数大于岩体自身的导热系数，即流速较慢的时候，符合流固耦合作用下多孔介质等效导热系数的推论，修正后的等效导热系数增大。当流体运动速度超过一定值时，岩体的导热性能反而会下降，修正后的等效导热系数减小。原因是流体流速增加，流体从岩体一侧吸收了热量后却来不及与另一侧岩体发生热量交换，热传递给流体的热量被迅速地带离参加计算的岩体部分，使得流体等效为隔热性质。

第四节 流体黏性对传热的影响

在已经分析的岩土体孔隙率对导热系数的影响、岩土体裂隙对导热系数的影响、岩土体裂隙中流体流速对导热系数的影响中，都将岩土体作为多孔介质，是

　　为了便于分析岩土体信息元对等效导热系数的影响。将岩土体假设为各向同性的均匀的多孔介质后，已经讨论过岩土体自身的物理性质，也对岩土体孔隙中的流体的热流动进行了探讨，但对岩土体中流体在温度影响下的热对流没有进行计算。黏性是影响流体对流的物理性质之一，对黏性进行分析，从而确定黏性在自然对流下对温度场的影响，进而考察黏性对等效导热系数的影响，也是有必要的。

　　对于工程热力学中黏性的计算，最初讨论的模型比较简单，当存在固液两相传热问题时，基本的热力学模型研究的是有限长度内的两块平行板之间的流体的自然对流情况。同样地，针对岩土体在有限空间内的自然对流，等效导热系数的提出也可以简化岩土体传热的计算。流体黏性是流体的基本性质之一，应当将其列为岩土体等效导热系数的反演参数对其进行探讨。对流体的黏性进行研究前，同样要用到一些假设，包括流体是不可压缩的、流体流态的稳定、自由液面为平面等。

　　1. 流体黏性对温度场分布的影响

　　流体黏性对温度场的影响主要体现在黏性对流体流动的影响，流体由于在岩土体孔隙中受到不同温度的影响，产生自然对流，不同黏性下流体对流情况不同，温度场的分布也会产生变化，在基本假设下不可压缩的黏性层流 N – S 方程组有

连续方程：$\Delta \cdot \overline{V} = 0$

能量方程：$k\nabla^2 T = \dfrac{\mathrm{d}T}{\mathrm{d}t}\rho c$

运动方程：$-\nabla p + \mu\nabla^2 \overline{V} = \left(\dfrac{\mathrm{d}\overline{V}}{\mathrm{d}t}\right)\rho - \rho g\beta\,(T - T_{\mathrm{m}})$

　　以上各式为流体流动的数学方程。岩土体中的水可以在模型中自由地流动，为了保持模型质量守恒与能量守恒，施加边界条件使岩土体中的流体不能从边界流出，岩土体温度沿着外边界有从高到到低变化，初始时刻岩土体中流体处于静止状态，但是由于边界上温度的改变，引发了流体在岩土体中的浮力流动。

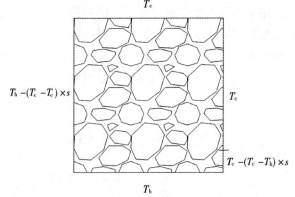

图 10.17　流体黏性对温度场分布影响的模型

温度的边界条件如图 10.17 所示，温度 T_h 高于 T_c，s 代表边界的相对长度，在 0～1 之间进行变化，由于高温边界对流体产生影响，流体容积热膨胀系数 β 采用参数扫略的方式进行计算，对流体容积热膨胀系数 β 分别取 1×10^{-12}，1×10^{-11}，1×10^{-10}，1×10^{-9}，1×10^{-8}，1×10^{-7}，1×10^{-6}，1×10^{-5}，1×10^{-4}，1×10^{-3}，1×10^{-2} 和 1×10^{-1}。当 β 等于零时，边界和流体之间只有单纯的传热问题，当 β 逐渐增大时，热与流体流动耦合加强。β 分别取 1×10^{-6} 与 1×10^{-7} 时流体的等温线图见图 10.18。

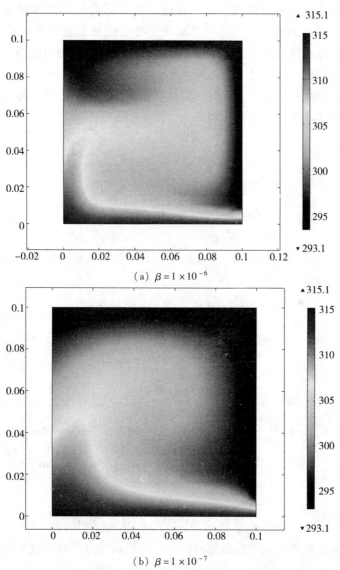

(a) $\beta = 1 \times 10^{-6}$

(b) $\beta = 1 \times 10^{-7}$

图 10.18 β 为 1×10^{-6} 与 1×10^{-7} 时流体等温线分布

对比图中流体的等温线可以看出，黏性对流体温度等值线的影响效果较为明显。

2. 流体黏性对导热系数的影响

改变流体的黏性同样改变了温度场的分布，为了使对岩土体等效导热系数的计算更为简便，将流体黏性对岩土体导热系数的耦合作用等效为整体的导热系数，可以更为精确地计算岩土体的导热能力。

考察流体黏性对等效导热系数的影响时，用到以下假设：自由液面是平面、流体流动稳定、流体不可压缩。流体在受到温度影响产生自然对流和受迫对流时，需要考虑对流的强度，当温差达到一定值，流体的流动不再是自然对流状态。在考察流体黏性的浮力流时流速一般较慢，所以进行理想化假设，认为岩土体中黏性流体的流动始终是自然对流状态。定义层流时的雷诺数 $Re < 3 \times 10^3$，将岩土体的等效导热系数求解方程等效到柱状坐标下进行，由连续方程、能量方程和连续方程在柱状坐标下的形式展开。

设

$$V_r = \nu r^* / R, \ V_0 = \nu V_0^* / R, \ V_z = \nu V_z^* / R$$

$$T - T_c = (T_h - T_c) T^*$$

$$\rho = \rho_m p^* \rho^2 / R^2 - \rho_m g Z$$

$$Re = \omega_c R^2 / \nu$$

式中，"$*$"表示无量纲的量。将以上柱状坐标的转化物理量带入连续方程，可得柱状坐标下的连续方程

$$\frac{1}{r^*} \frac{\partial}{\partial r}(r^* V_r^*) + \frac{\partial}{\partial v} V^* = 0$$

将柱状坐标下的基本物理量代入能量方程，可得柱状坐标下的能量方程

$$\frac{1}{r^*} \frac{\partial}{\partial r}\left(r^* V_r^* T^* - \frac{r^*}{pr} \frac{\partial T}{\partial r^*}\right) + \frac{\partial}{\partial Z^*}\left(V_z^* T^* - \frac{1}{pr} \frac{\partial T^*}{\partial Z^*}\right) = 0$$

同样，可得柱状坐标下的运动方程

$$\begin{cases} \frac{1}{r^*} \frac{\partial}{\partial r^*}\left(r^* V_r^{*2} - r^* \frac{\partial V^*}{\partial r^*}\right) + \frac{\partial}{\partial Z^*}\left(V_r^* V_z^* - \frac{\partial V^*}{\partial z^*}\right) = -\frac{\partial p^*}{\partial r^*} + \frac{\partial V_0^*}{\partial r^*} - \frac{\partial V_r^*}{\partial r^{*2}} \\ \frac{1}{r^*} \frac{\partial}{\partial r^*}\left(r^* V_r^* V_0 - r^* \frac{\partial V_0^*}{\partial r^*}\right) + \frac{\partial}{\partial Z^*}\left(V_r^* V_z^* - \frac{\partial V^*}{\partial z^*}\right) = -\frac{\partial V_0^*}{\partial r^{*2}} - \frac{\partial V_r^* V_0^*}{\partial r^*} \\ \frac{1}{r^*} \frac{\partial}{\partial r^*}\left(r^* V_r^* T^* - \frac{r^*}{pr} \frac{\partial T^*}{\partial r^*}\right) + \frac{\partial}{\partial Z^*}\left(V_z^{*2} - \frac{\partial V^*}{\partial z^*}\right) = -\frac{\partial p^*}{\partial r^{*2}} + G_r T^* \end{cases}$$

对以上方程应用等效导热系数的概念，把热传导方程式写做单独的传热方程

$$\frac{1}{r^*} \frac{\partial}{\partial r^*}\left(\lambda_{eq} r^* \frac{\partial T}{\partial r^*}\right) + \frac{\partial}{\partial Z^*}\left(\lambda_{eq} \frac{\partial T}{\partial Z^*}\right) = 0$$

代入对应的边界条件，即在柱状坐标下的具有相同的热流量和连续性的黏性条件下的等效热传导方程。根据有限元软件分析结果，反演黏度和导热系数的关系，得到等效导热系数和黏性的关系如表 10.6 所示。

表 10.6　　　　　　　　浮力流作用下流体黏度对等效导热系数的影响

流体黏度/（Pa·s）	1.0005	0.89	0.81	0.77	0.74	0.69
等效导热系数/（W/（m·K））	2.62	2.89	3.37	3.67	3.93	9.09

图 10.19 所示为浮力流作用下流体黏度对等效导热系数的影响，拟合曲线为误差最小的多项式。

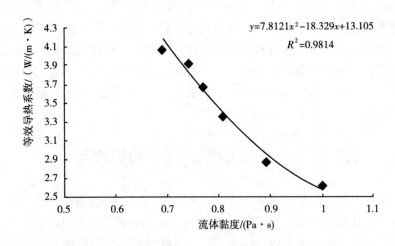

$$y=7.8121x^2-18.329x+13.105$$
$$R^2=0.9814$$

图 10.19　浮力流作用下流体黏度与等效导热系数的关系

第十一章　岩土体传热在工程中的应用

　　岩土工程在不同的工程要求下需要用到较多的物理参数，准确得到这些物理参数对保证工程质量、扩大经济效益和提高设计水平具有重要意义。例如岩土体本身的力学性质，是各项工程中最常用到的参数，涉及这些参数的确认时，需要采取对试件进行室内试验的方式，或是用原位测试技术对其力学性质进行现场测试，之后便可以依据所得到的数据按照工程要求进行设计。但由于岩土体性质十分复杂，工程活动中的施工进行和环境扰动往往会改变岩土体的结构和环境，各项物理参数随着结构和环境发生变化，所以得到的实验数据在不同施工阶段的准确程度不同。不准确的参数不仅会影响工程的经济效益，同时对工程结构的安全性和适用性都会产生不良的影响。

第一节　含水地层巷道围岩的温度场

　　现以山东潘西煤矿的地层为例来介绍岩体渗流场与温度场耦合分析及在深部矿场中的应用，并通过计算分析来验证模型的准确性。潘西煤矿 19 煤层底板奥灰富水性强，多次发生突水事件，水量随开采深度由浅到深逐渐增大，出水更加频繁，对 19 煤层的开采造成很大影响，而且出水温度较高，由于出水散热，提高了采掘工作面温度，恶化了环境。潘西矿井田基本构造形态属简单的单斜构造，地层走向290°~320°，倾向 NE，倾角一般为 22°~28°，局部受断层影响变陡或变缓。根据潘西煤矿岩石温度的实测资料，所选研究区域位于热害区，地质构造图如图 11.1 所示。

　　在图 11.1 中标注出了的 21 个测温孔，其地层温度见表 11.1。从表 11.1 中可以看出，21 个测孔温度变化不均匀，由于地下水、岩体内各种裂隙及断裂带的存在，改变了原有岩层的温度场分布。而潘西煤矿正好属于热传导和热对流综合作用的矿山，其地温场主要为传导 – 对流型温度场。在这种温度场中，地下水与围岩进行热交换，可以吸取围岩的热量，使围岩降温，也可以放出热量，使围岩增温，依条件转移。所以，地下水与围岩进行热交换的过程可以看做一种非稳定热传导与热对流的叠加问题，当达到平衡时，可作为稳定热传递问题来处理。

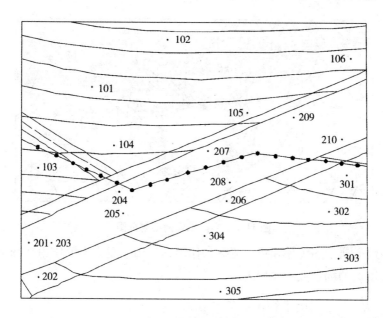

图 11.1　潘西煤矿局部地质构造图

表 11.1　　　　　　　　　　　　　地层温度统计表

编号	温度/℃	编号	温度/℃	编号	温度/℃
101	38.84	202	36.04	209	40.97
102	40.95	203	35.46	210	41.76
103	35.96	204	37.08	301	40.95
104	37.53	205	37.13	302	39.75
105	40.02	206	38.87	303	38.52
106	42.65	207	35.83	304	37.52
201	35.42	208	39.38	305	37.23

1. 传热数学模型

研究区域资料来源于潘西煤矿深埋巷道的原位监测数据，研究区域选定为
40m×25m 范围内的巷道围岩，巷道断面为半圆拱形，断面宽度为 8.0m，直墙和
拱高均为 4m，断裂带垂直宽度为 1m，巷道拱顶距离断裂带垂直高度为 6m，采
用三节点三角形单元进行网格剖分，共剖分为 1677 个节点，3216 个三角形实体
单元，网格剖分如图 11.2 所示。

☞ 137

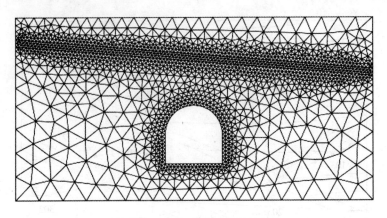

图 11.2　实体单元网格剖分图

　　潘西煤矿属于热传导和热对流综合作用的矿山，建立渗流作用下深埋巷道围岩稳定温度场的耦合数学模型为

$$
\begin{cases}
K\left(\dfrac{\partial^2 H}{\partial x^2}+\dfrac{\partial^2 H}{\partial y^2}\right)+D_{\mathrm{T}}\left(\dfrac{\partial^2 T_{\mathrm{w}}}{\partial x^2}+\dfrac{\partial^2 T_{\mathrm{w}}}{\partial y^2}\right)=0 \\[2mm]
\lambda_{\mathrm{w}}\left(\dfrac{\partial^2 T_{\mathrm{w}}}{\partial x^2}+\dfrac{\partial^2 T_{\mathrm{w}}}{\partial y^2}\right)-c_{\mathrm{w}}\rho_{\mathrm{w}}K_f\left(\dfrac{\partial H}{\partial x}\dfrac{\partial T}{\partial x}+\dfrac{\partial H}{\partial y}\dfrac{\partial T}{\partial y}\right)+\dfrac{\lambda_{\mathrm{r}}}{\delta}(T_{\mathrm{r}}-T_{\mathrm{w}})=0 \\[2mm]
\dfrac{\partial^2 T_{\mathrm{r}}}{\partial x^2}+\dfrac{\partial^2 T_{\mathrm{r}}}{\partial y^2}=0
\end{cases}
$$

　　2. 计算参数及边界条件

　　潘西煤矿 −740m 巷道，通过现场监测，巷道围岩类别为砂岩，围岩密度 ρ = 2650kg/m^3，比热容 c = 0.69kJ/(kg・K)，导热系数 λ_{r} = 2.035W/(m・K)，水流运动黏滞系数为 0.001Pa・s，水流的热导率 λ_{w} = 0.6W/(m・K)，温差水流扩散率 D_{T} = 1.03×10^{-11}m^2/(s・K)，渗透性系数 K = 1.15×10^{-9}m/s。

　　渗流边界条件：断裂带处左边界水头 60m，右边界条件水头 20m，上边界及下边界为零通量边界。

　　温度边界条件：围岩上边界为温度梯度计算出的给定热量边界，热流密度 q = −0.038665W/m^2，下边界温度为 50℃，初始渗透水流温度 20℃，接触边界设为连续性边界，其余边界条件为对流通量边界条件。

　　初始条件：渗流场水头取零，渗透水流初始温度取 18℃，岩温的初始温度场取 31.5℃。

　　3. 模拟结果的对比分析

　　通过对潘西煤矿深部采动岩体稳定温度场及深埋巷道围岩温度场的耦合分析，结合相应的边界条件及计算参数对深部采动岩体在渗流作用下围岩的温度场进行了数值模拟分析，得到了在渗流作用下潘西煤矿深埋巷道（−740m 大巷）围岩的温度场分布，如图 11.3 所示。

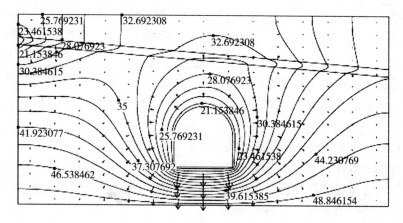

（a）渗透速度 $v=8 \times 10^{-7}$ m/s

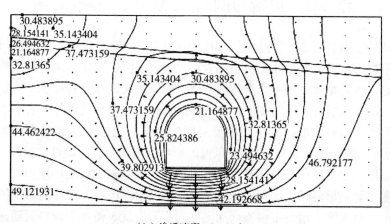

（b）渗透速度 $v=8 \times 10^{-8}$ m/s

图 11.3　渗流对温度（矢量）分布的影响

通过对潘西煤矿深埋巷道围岩温度场的数值模拟分析，从渗流对温度（矢量）分布的影响图中可以看出：渗流场的施加，改变了围岩的温度场分布，由于渗透水流的温度低于巷道围岩的温度，岩体的温度传递给渗透水流，使渗透水流的温度沿流动方向逐渐升高，最终近似于岩体的温度，形成热交换平衡区。这表明：渗流伴随着热迁移现象；同时热交换平衡区受到渗流的影响，将向顺渗流的方向移动，并且随着渗透速度的增加，热交换平衡区的范围有所扩大，热交换平衡区成为温度矢量改变方向的"分水岭"。

潘西煤矿 −740m 大巷围岩的温度监测结果见表 11.2。

表 11.2　　　　　　　　　　温度监测与模拟结果对比　　　　　　　　　　℃

测点编号	103	104	105	204	207
监测值	35.96	37.53	40.02	37.08	35.83
模拟值	37.21	36.86	38.95	38.25	34.16
差值	-1.25	0.67	1.07	-1.17	1.67

从监测与模拟结果的对比可以看出，在所选取的 5 个测温孔中，监测值与模拟值的最大偏差为 1.67℃，最小偏差为 0.67℃；监测值与模拟值相差不大，说明上述研究方法是可行的。

深部矿场采动围岩的地质条件及水文地质条件都比较复杂，流体的密度、黏度及岩体的渗透性系数都是温度的函数，而在对渗流作用下深部矿场采动围岩稳定温度场及巷道温度场分析中，流体的密度、黏度及岩体的渗透性系数为定值，使监测值与模拟值存在一定的差异。

第二节　风流与围岩换热的数值模拟分析

井巷处于围岩（煤）的包围之中，当风流沿井巷流动时，若风温与岩温不同，则围岩将与风流发生热交换。当岩温大于风温时，围岩向风流放出热量；反之则吸热。围岩是风温的一个自然调节器，岩温的高低在某种程度上决定了风温的高低。随着深层开采的增加，矿井热害问题越来越受到国内外学者和工程技术人员的关注，但目前的研究多集中于对影响因素的定性描述和热害的被动治理（加强通风、洒水降温等）。对矿井风温的影响因素包括岩层温度、通风流速、地面空气温度、空气的压缩与膨胀和地下水热等，对不同的地质环境而言，具有普遍意义的主要是增温带内的地层和风速。由于增温带内原岩温度随深度的增加而线性增加，只需测定增温带内不同深度处的原岩温度，便可得到岩温随深度变化的规律。再考虑风速对温度的影响，从而获得巷道内温度场的分布规律。本节旨在对热害矿井巷道温度场的分布规律进行研究，为矿井热害的综合治理提供依据。

1. 无渗流作用下巷道围岩与风流的热交换

（1）工程概况

选取沈阳矿区红阳矿为研究对象。该矿区构造复杂、断层发育，特别是深部断层交汇，形成深部地热上行良好通道。底部灰岩热导率较大（2650～4320W/(m·K)），易于深部地热向上部传导和扩散；而中部含煤岩系较大厚度的泥岩、泥质砂岩和煤层热导率小（8.3～20.7W/(m·K)），会阻止来自深部的地热扩散；加之上部的新生界岩层构成热储构造的复合盖层，形成该矿区一定程度的热害。数据采集巷道为通风巷道，断面形状为半圆拱形，直墙高度 1.5m，半圆拱半径1.3m，锚喷支护，埋深分别为660，750，850m，试验巷道长度均取2000m。

井下岩温测定选用铜-康铜热电偶配二次仪表进行接触式浅孔测温。在实验室对热电偶进行标定后，在连续掘进工作面（停掘不超过24h）的迎头施工1~2个钻孔，孔深度不小于1.5m，钻孔稍向上仰。首先将热电偶的热端及导线固定在竹笼内，每组布置3个测温探头。经过对-660，-750，-850m水平工作面20个测温孔进行实测，对测定数据进行拟合得出该地层厚度范围内原岩温度与标高的线性方程为

$$T = 12.29 - 0.031H \tag{11.1}$$

式中，H为埋深，m；T为原岩温度，℃。

（2）巷道当量直径

在巷道表面光滑的理想条件下，巷道横截面曲线的理想长度$L = 9.68m$，理想横截面积$A = 6.55m$。考虑支护结构表面的凹凸状况，在巷道内共取30个截面进行实长量测，获得曲线长度的增加率（实长/理想长）如下：

1.018，1.111，1.079，1.025，1.064，1.050，1.071，1.925，1.054，1.075
1.043，1.021，1.046，1.089，1.043，1.039，1.054，1.068，1.043，1.096
1.107，1.054，1.021，1.046，1.039，1.007，1.043，1.093，1.093，1.146

由此可得曲线长度增加率的均值$\bar{\xi} = 1.062$，样本方差$s = 0.030$，则

$$\xi = \bar{\xi} \pm s = 1.062 \pm 0.030$$

所以，巷道的实际面积（A_1）与理想面积（A）的关系为

$$A_1 = \left[\frac{1^2 + (1.062 - 0.030)^2}{2} \sim \frac{1^2 + (1.062 + 0.030)^2}{2} \right] A = (1.033 \sim 1.096)A$$

即横截面的实际长度

$$L_1 = \frac{1.033 + 1.096}{2} L = 10.30m$$

横截面的实际面积

$$A_1 = \frac{1.033 + 1.096}{2} A = 6.97m^2$$

故巷道的当量直径

$$d_\xi = \frac{4A_1}{L_1} = \frac{4 \times 6.97}{10.30} = 2.7m$$

（3）巷道温度场分布规律

① 温度场温度计算。为了研究埋深（原岩温度）和通风流速对温度场的影响，分别针对于埋深为$H = 660$，750，850m和风速$V = 6$，7，8m/s的情况进行研究，计算参数见表11.3。

表 11.3 温度场计算参数

入口风温 /℃	导热系数/ (W/(m·K))	比热容/ (kJ/(kg·℃))	运动黏度/ (m²/s)	普朗特系数	空气密度/ (kg/m³)
30	0.0267	1.005	1.6×10^{-5}	0.701	1.163

由于雷诺数

$$Re = \frac{V d_{\xi}}{\upsilon} = \frac{6 \times 2.71}{16 \times 10^{-6}} = 1.016 \times 10^{6} > 10^{4}$$

则热扩散系数

$$\alpha = \frac{0.023 Re^{0.8} P_r 0.4 \lambda}{d_{\xi}} = 12.562 \text{W/(m}^2 \cdot \text{℃})$$

所以

$$\int_{0}^{L} \frac{\pi}{4} \rho d_{\xi}^2 (t_2 - t_0) \mathrm{d}x = \int_{0}^{L} \alpha \frac{x}{V} d_{\xi} (t_1 - t_2) \mathrm{d}x \tag{11.2}$$

式中，L 为计算点到入口的距离，m；t_1，t_2 为原岩计算点温度，℃。

② 温度随深度的变化关系。当埋深 $H = 660$，750，850m 时，据式（11.1）可得出此时的原岩温度 $t_1 = 32.75$，35.54，38.64℃，风流速度 $V = 6$m/s。根据式（11.2）的计算结果如图 11.4 和图 11.5 所示。

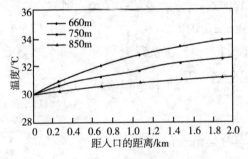

图 11.4 温度随深度变化的关系　　　图 11.5 温度随风速变化的关系

分析图 11.4 可知以下几点。

• 当埋深为 660m 时，整个巷道温度的变化可分为 2 个阶段，即快速增长段（0~400m）和平稳增长段（≥400m）。但总体上来说温度变化平缓。

• 当埋深为 750m 和 850m 时，巷道温度的变化可分为 3 个阶段，即快速增长段（0~400m）、过度温升段（400~800m）和平稳增长段（≥800m）。温度曲线的平均速率（曲线斜率）明显增大，说明埋深对巷道温度场的分布敏感。

• 尽管埋深不同但温度变化均符合由快到慢的变化规律，究其原因在于入口处的风温与岩温相差较大，热交换较巷道深部快所致。

（4）温度随风速的变化关系

当埋深 $H = 750$m 时，此时的原岩温度 $t_1 = 35.54$℃，取风流速度 $V = 6$，7，

8，10m/s。

对比图 11.4 与图 11.5 发现，风速对温度的影响较埋深的影响小。巷道内部温度平滑变化，没有明显拐点，巷道温度并没有随着风速的增加而急剧减小。但温度随着风速的增大呈减小趋势。对该巷道而言，每增加单位风速温度降低 0.2 ~0.5 ℃，因此，要进行巷道内部热害的综合防治不能仅靠增加风速和洒水等被动措施，关键在于降低风流的入口温度。

2009 年 7—9 月对该矿区进行了大量的巷道温度观测。由于巷道入口附近温度受到周围环境的影响，数据经常会出现离散现象。现针对以上情况将出口温度（2000m 处）的实测数据与计算结果进行对比分析（见表 11.4）。

表 11.4   实测结果与计算值对比   ℃

项目	$v = 6m/s$			$H = 750m$		
	660m	750m	850m	7m/s	8m/s	10m/s
实测值	31.30	32.46	34.05	32.26	32.12	31.21
计算值	31.25	32.54	33.96	32.32	32.15	31.12
差值	0.05	−0.08	0.09	−0.06	−0.03	0.09

通过对比分析，表 11.4 中第一、二组数据的均差分别为 0.073 和 0.060。计算结果具有较高的精度。说明上述研究方法是可行的。尽管不同的地下环境数据会因地而异，但得出的规律具有普遍意义。

由此可以看出：巷道温度场的分布对埋深较通风流速敏感。巷内温度随着埋深的增加而递增，随通风流速的增加而减小。埋深浅时温度场的变化平缓，呈两阶段式递增，埋深较大时呈三阶段递增。每增加单位风速，温度降低 0.2 ~0.5 ℃。巷道内部热害的综合防治，控制风流的入口温度是关键。巷道温度并没有随着风速的增加而急剧减小，因此，风速的确定应与矿井通风相结合，并考虑因风速过大造成的粉尘等因素。

2. 渗流作用下巷道围岩与风流的热交换

深部工程矿场围岩的工程热物理性质及传热问题的研究是解决深埋巷道高温害的基础之一，高温害同时还受到高地温、高应力、渗流和地质构造活动等因素的影响。国内外学者在地温及深部岩土体热物性测试方法和热物性预测推算、地下工程岩土的耦合传热、围岩与风流的热交换、水热耦合迁移的理论分析和数值模拟等方面进行了大量的研究，针对深部开采面临的高温害问题，矿场围岩的温度场分布研究是基础问题之一，本书的研究对象是渗流作用下的深部巷道，对风流与围岩的热交换过程采用 Metlab-PDE 工具箱进行了数值模拟。

（1）基本方程

① 热传导方程。采用双曲线型 PDE 作为传热函数

$$d\left(\frac{\partial^2 T}{\partial t^2}\right) - \nabla \cdot (c\nabla T) + aT = f$$

式中，T 为域 Ω 上的求解变量——温度；t 为时间变量；c，a，f 为常数或者变量。

②渗流方程。在整个研究区域内，忽略采动对围岩渗流性质的影响，假定构造岩体渗流服从达西定律

$$q = -\frac{k}{u_f}(p - \rho_f g)$$

式中，k 为围岩渗透率；u_f 为流体黏度；p 为流体压力；ρ_f 为流体密度；g 为重力常数。

③热守恒方程。忽略气体的影响，构造岩体的热守恒方程

$$\left[\Psi\rho c + (1 - \Psi)\rho_f c_f\right]\frac{\partial T}{\partial t} = (K_T T - \rho_f c_f qT)$$

式中，Ψ 为围岩中岩石的体积分数；ρ，c 分别为岩石的密度和比热容；c_f 为流体比热容；K_T 为岩石和流体的联合热导率，$K_T = \Psi K + (1 - \Psi)K_f$，$K$ 为岩石的热导率，K_f 为流体的热导率。

（2）边界条件

采用 Matlab 指定的广义 Neumann 条件

$$\boldsymbol{n} \cdot (c\nabla u) + qu = g$$

式中，$\boldsymbol{n}$ 为垂直于边界的单位矢量；q，g 为常量或与 u 有关的变量。

在该研究区域内，由于在边界上均存在不同程度的热交换，采用广义 Neumann 条件进行计算，计算参数见表 11.5。

表 11.5	边界条件参数	
边界	g	q
上边界	33	1.40
侧边界	34	1.28
下边界	35	1.25
内边界	20	1.54

（3）巷道围岩的温度场分布

研究区域资料来源于深埋巷道的原位监测数据，巷道断面为半圆拱形，断面宽度 8.0m，直墙和拱高均为 4m，地温 35.2℃，巷道围岩密度 $\rho = 2350\text{kg/m}^3$，比热容 $c = 0.84\text{kJ/(kg·K)}$，导热系数 $K = 1.43\text{W/(m·K)}$，研究区域选定为 40m × 24m 范围内的巷道围岩，利用 Metlab-PDE 工具箱中的 initmesh 和 refinemesh 函数创建的三角形网格见图 11.6，生成的单元网格数目为 4944 个。

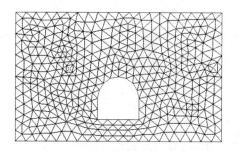

图 11.6　巷道围岩的网格划分

① 巷道围岩的初始温度场。在渗流作用下的深埋巷道，经对围岩的温度监测，其初始温度为 27.3℃，根据现场监测数据推算的上边界温度为 25℃，渗流平均速度为 150cm/d，方向自左向右。将以上条件加入边界条件，与渗流方程耦合后模拟出的温度场分布及温度矢量结果见图 11.7。

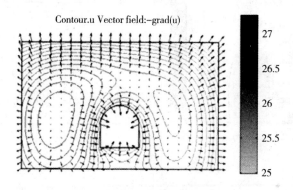

图 11.7　温度场和温度矢量的初始分布

初始温度场的数值模拟结果表明，渗流场的存在使得围岩的温度场呈非对称分布，如果将温度矢量为零的点（模拟结果显示，这些温度矢量为零的点的温度并不相等）连线，在围岩内部形成了温度矢量改变方向的"分水岭"，由此围岩内部的温度场划分为两个区，即向内扩散区和向外扩散区。在向内扩散区内，巷道的左侧（逆渗流方向）等温线密集，而在右侧（顺渗流方向）等温线分布相对疏松；在向外扩散区内，情况则恰恰相反，表明渗流场改变温度场分布的本质是渗流过程伴随着热迁移现象。

② 围岩 – 风流热交换过程。为了进一步分析巷道围岩内部温度场随着通风作用时间的变化，针对风速 $v = 1.5\text{m/s}$、风流的温度为 22℃ 的情况，计算了巷道围岩的温度场分布及其温度矢量，针对热交换过程的各阶段，选取的典型温度场和温度矢量的变化过程见图 11.8。

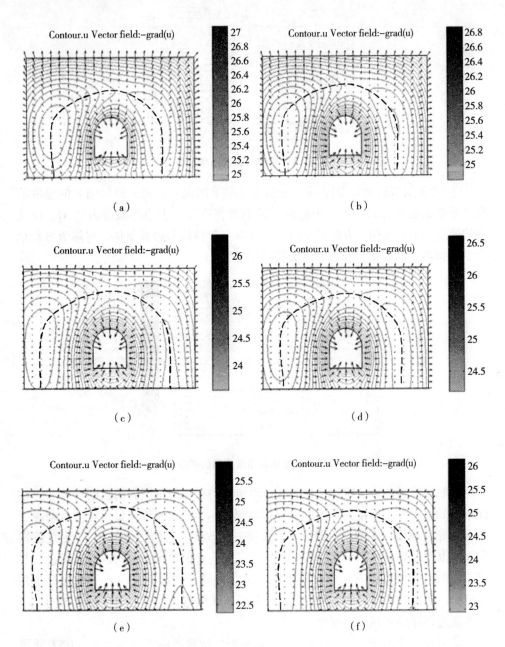

（a）（f）为热交换的初始、平衡状态；（b）～（e）为中间状态

图11.8　围岩－风流热交换过程

　　为了验证模型和计算参数的可靠性，将围岩壁面温度的检测结果与数值模拟的结果进行对比（见表11.6）。从对比结果来看，所获得的结果与实际情况相吻合。

表 11.6　　　　　　　　　　　　　　　检测与模拟结果对比　　　　　　　　　　　　　　　℃

	a	b	c	d	e	f
检测值	25.1	24.9	24.6	24.1	23.3	22.6
模拟值	24.9	24.82	24.1	23.7	22.9	22.4

随着通风时间的增加，围岩与风流的热交换作用对围岩内部温度场分布的影响逐渐增加，在宏观上表现为围岩的壁面温度逐渐降低，直至接近风流温度，温度矢量零点的范围也呈现出逐步增大的趋势，表明风流对围岩内部温度分布的影响范围也逐渐增大。

在温度场的向内扩散区，巷道周围的等温线逐步形成以隧道轮廓为基准的环状分布。在初始状态下，围岩内部的温度场呈现出非对称分布的特征，且这种非对称分布与渗流场的存在是紧密相关的；在达到热交换平衡状态时，该区内围岩温度场的分布除接近矢量零点的附近以外，呈现为环状对称分布，且温度矢量指向巷道的中心。

在温度场的向外扩散区，平衡状态与初始状态相比，等温线的形状没有明显的改变，但等温线的分布逐渐稀疏。

3. 综采工作区风流温度场的数值计算

综采工作区内的空气温度随着煤炭资源向地下深部的开采而增高。目前，我国有大量深部开采的矿井遭受热害影响。矿井热害造成的高温作业环境严重影响工人身体健康，引发各种疾病（如湿疹等），并且导致工人乏力、气喘，精力分散，思维和判断力差，出勤率下降，作业事故率上升。而据有关资料，高温采煤工作面温度每降低 1℃，生产效率提高 4% ~6%。因此，必须采取措施适当降低工作环境温度。研究高温矿井综采工作区通风条件下的温度场有利于了解通风条件下综采工作区风流温度场、采空回填区温度场具体温度分布情况，对高温矿井热害治理、改善井下作业环境具有积极意义。

（1）模型建立

依据恒大集团综采工作区情况，建立二维仿真模型并进行了数值模拟。综采工作区包括采煤工作面、采空回填区（回填材料为煤矸石）、煤体、进风顺槽、回风顺槽五大部分。采煤综采工作面全长为 150m，采空区走向 50m，煤体走向 100m。

① 计算区域及网格划分。考虑综采工作区计算的影响，计算区域选定为 155m×200m 的区域，包含了工作面、进风顺槽、回风顺槽、采空回填区、煤体。网格采用结构网格。工作面、进风顺槽、回风顺槽网格生成的单元网格数目为 1432 个，节点 1795 个；煤体网格生成的单元网格数目为 21510 个，节点 22115 个；采空回填区网格生成的单元网格数目为 8058 个，节点 8268 个。网格足够细密，再进一步加密网格对数值计算结果基本上没有影响。

② 控制方程。本书研究的流体介质是空气，其在流动过程中与煤体壁面间

进行对流换热。空气在流动过程中，雷诺数 $Re > 12000$，属于湍流流动状态。分析时忽略空气的可压缩性，即认为空气的密度是常数。流体的流动可视为非定常不可压缩黏性流体的湍流流动，流体流动应满足如下通用控制方程

$$\mathrm{div}(\rho \boldsymbol{u} \varphi) = \mathrm{div}(\Gamma \mathbf{grad} j) + S$$

式中，ρ 为流体密度；$\boldsymbol{u}$ 为流体速度矢量；φ 为通用变量，可以代表 u，v 方向的速度分量和 T（流体热力学温）等求解变量；Γ 为广义扩散系数；S 为广义源项。

通用控制方程包涵连续方程、动量方程和能量方程。

湍流强度为

$$I = 0.1 Re^{-0.125}$$

③ 物性参数及边界条件设置。高温矿井综采工作区二维物理模型如图 11.9 所示。空气从下部进风顺槽流入，经工作面后从上部回风顺槽流出。顺槽进口空气温度为 295.95K（夏季室外平均温度），不考虑垂直方向质量力，内部工作介质为空气，作不可压缩处理，井下地质条件较好，不考虑湿度。295.95K 空气的热物性参数为：密度 $\rho = 1.19 \mathrm{kg/m^3}$，比热容 $c = 1.005 \mathrm{kJ/(kg \cdot K)}$，导热系数 $\lambda = 0.02612 \mathrm{W/(m \cdot K)}$，热扩散率 $a = 2.18 \times 10^{-7} \mathrm{m^2/s}$。采空区回填体的热物性参数为：密度 $\rho = 1550 \mathrm{kg/m^3}$，比热容 $c = 0.94 \mathrm{kJ/(kg \cdot K)}$，导热系数 $K = 0.376 \mathrm{W/(m \cdot K)}$。煤体的热物性参数为：密度 $\rho = 1520 \mathrm{kg/m^3}$，比热容 $c = 1.2 \mathrm{kJ/(kg \cdot K)}$，导热系数 $K = 1.3 \mathrm{W/(m \cdot K)}$。采空区回填体、煤体温度 313.15K。

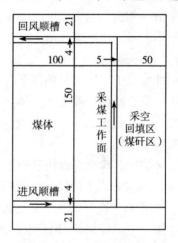

图 11.9 矿井综采工作区平面（单位：m）

（2）计算结果

针对顺槽入口风雷诺数 Re 分别为 13808，27600，69040，96656，138080，207125，276170（对应的湍流强度：4.86%，4.46%，3.97%，3.81%，3.64%，3.46%，3.34%）的 7 种工况和入口风雷诺数 Re 为 69040（对应的湍流

强度为 3.97%），温度为 280.95，285.95，290.95，300.95K 的 4 种工况，共计
11 种工况进行计算，计算采用有限体积法、耦合隐式求解连续方程、能量和动
量方程，离散格式采用二阶迎风格式，假设壁面为无滑移边界条件，近壁区的处
理采用壁面函数法。计算结果如图 11.10 至图 11.13 所示。

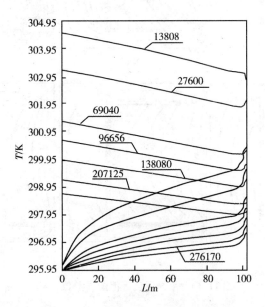

图 11.10　顺槽、工作面中心线空气温度曲线

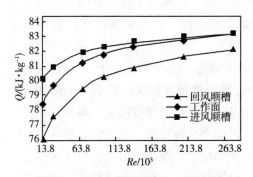

图 11.11　顺槽、工作面空气热量（Q）
曲线

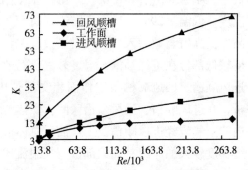

图 11.12　顺槽、工作面平均总传热系数（K）
曲线

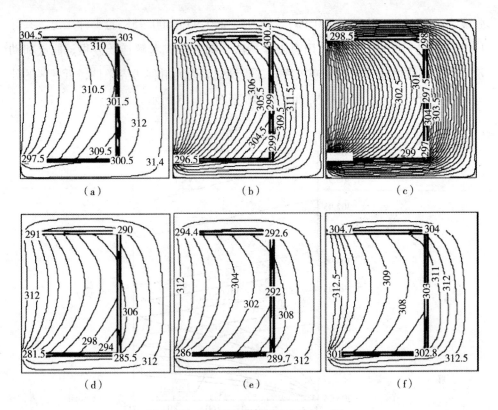

图 11.13　平面温度等值图（单位：K）

由图 11.10 得知：出口空气温度 298.72 ～ 304.52K，温度增加值 2.23 ～ 8.57K。在煤体、采空回填材料温度为 313.15K 情况下，顺槽与工作面空气温度低于 304.52K，温差 8.63K，表明通风措施可以在一定程度上降低顺槽和工作面温度。低温（295.95K）空气流入进风顺槽、工作面、回风顺槽后温度逐渐提高，提高值与顺槽入口空气雷诺数有关。雷诺数小，空气整体温度值高。空气温度较低部位在进风顺槽，温度较高部位在回风顺槽，工作面温度介于二者之间；进风顺槽、回风顺槽与工作面相交部位中心线温度梯度较大。从热力学角度分析，在进风顺槽、回风顺槽区间，煤体与空气的对流换热强度接近，是回风顺槽内的空气流经进风顺槽及工作面后总体换热时间增大的结果；相交部位温度中心线梯度较大的原因是在此部位空气湍流比其余部位大，混合均匀。

由图 11.11 可知，进风顺槽、工作面、回风顺槽内的空气经过对流换热后的热量值为 76.17 ～ 83.10kJ/kg。热量随顺槽入口空气雷诺数增加而增加，当 Re 小于 138000 时增加幅度较大，Re 大于 138000 时增加幅度较小；工作面热量值低于进风顺槽约 0.73%，回风顺槽热量值低于工作面约 2.01%。从热力学角度分析，工作面宽度大于进风顺槽和回风顺槽，空气流速低于进风顺槽和回风顺槽，空气与壁面接触面大，换热量大；空气流速低，换热时间长，换热量大。

由图 11.12 可知，平均总传热系数随入口风雷诺数 Re 的增加而增加，增加过程大致符合二次曲线渐变过程；平均总传热系数在进风顺槽段最高，高于工作面约 76%，高于回风顺槽约 63.3%。因此，减小进风顺槽长度对降低工作面温度有利（即减小进风口至工作面距离对降低工作面温度有利）。从热力学角度分析，进风顺槽与煤体壁面温差大，平均总传热系数大；工作面宽度大于进风顺槽和回风顺槽，空气与壁面接触面大，平均总传热系数低于顺槽。

由图 11.13（a）（b）（c）平面温度等值图可知，当入口空气温度为 295.95K 时，入口速度改变，经过通风换热作用，煤体、采空回填区的温度由初始值 313.15K 降至 299~313K，顺槽、工作面壁面空气温度 297~304K，空气与煤体、采空回填材料温差最小值为 2K。雷诺数小、壁面温度高，说明顺槽入口风雷诺数小时，对流传热时间相对较长，顺槽、工作区内空气温度高，煤体、采空回填区壁对单位空气加热损失多，造成温度梯度加大。在不考虑冲淡、排除顺槽、工作面有毒有害气体和粉尘，仅从降低顺槽、工作面内温度情况下考虑，采用雷诺数为 13808~276170 均能满足要求。从较小的动力损耗方面考虑，采用雷诺数为 69040 以下为宜；从排除高温气体情况下考虑，采用雷诺数为 69040 以上为宜。

由图 11.13（d）（e）（f）平面温度等值图可知，当入口空气以 $Re = 69040$、温度为 280.15~300.15K 流入时，煤体、采空回填区的温度由初始值 313.153K 降至 306.3~312.53K，空气温度与煤体、采空回填区的温差大，对煤体、采空回填区降温效果好。

研究小结如下。

① 通风措施可以在一定程度上降低顺槽、工作面温度。在空气初始温度为 295.953K，煤体、采空回填材料初始温度为 313.15K 情况下，顺槽、工作面空气温度低于 304.523K，温差 8.63K。

② 进风顺槽、工作面、回风顺槽内的空气经过对流换热后的热量值为 76.17~83.10kJ/kg。热量值随顺槽入口空气雷诺数增加而增加，当 Re 小于 138000 时增加幅度较大，Re 大于 138000 时增加幅度较小；工作面热量值低于进风顺槽约 0.73%，回风顺槽热量值低于工作面约 2.01%。

③ 平均总传热系数随入口风雷诺数 Re 的增加而增加，增加过程大致符合二次曲线渐变过程；平均总传热系数在进风顺槽段最高，高于工作面约 76%、回风顺槽约 63.3%。减小进风顺槽长度对降低工作面温度有利。

④ 煤体、采空回填区的温度由初始值 313.15K 降至 299~313K，顺槽、工作区壁面空气温度为 297~304K。煤体、采空回填区的温度梯度随顺槽入口空气雷诺数增加而增大。

⑤ 在不考虑冲淡、排除顺槽、工作面有毒有害气体和粉尘，仅从降低顺槽、工作面内温度情况下考虑，采用雷诺数为 13808 ~ 276170 均能满足要求。从较小的动力损耗方面考虑，采用雷诺数为 69040 以下为宜；从排除高温气体情况下考虑，采用雷诺数为 69040 以上为宜。

第三节　土体传热在冻结法施工中的应用

冻结法属于一种特殊的岩土工程技术，是特定环境下岩土工程施工中的一种支护方式，主要应用于含水量大的沙土和淤泥等不稳定的地质条件。冻结法主要用于矿井建设，随着技术发展，冻结法也应用于隧道、基坑和其他工程中。

冻结法的基本原理是利用低温盐水将开挖体周围部分岩土体冻结凝固，并且每个冻结管之间按要求进行一定的咬合，形成连续的止水帷幕，防止自由水侵入工作面，对施工带来阻碍。一般情况下，当施工环境的含水量大于 10% 时，就可以凝结帷幕。经过冻结的岩土体强度比冻结前的土体强度大很多，可以抵消开挖过程中释放的应力，起到支护的作用，在各种土层中均可使用，并且冻结期结束后岩土体扰动较小，在不考虑成本的情况下，是一种很好的施工技术。对冻结法施工进行设计时，需要考虑施工过程中所需要的冻结壁厚度、冻结时间和冻结管分布情况。此外，冻结法施工存在明显的施工阶段，包括积极冻结期和消极冻结期，在冻结方案的选择上，也可分为一次冻结全深、差异冻结法、分期冻结法和局部冻结方案等，可满足不同工程地质环境的需要。当然，冻结法由于设备较多，费用较为昂贵，考虑到经济效益，目前国内各种隧道中有 400 多项工程应用了冻结法支护。

1. 工程地质概况

某公路隧道，处于城际交通的主线位置，明挖法影响交通，且管线分布复杂。根据地表交通情况与地下复杂的障碍物分布，该区间隧道选择了暗挖法施工。根据岩土工程勘察报告确定的物理参数见表 11.7。

表 11.7　　　　　　　　　　　　　土层物理参数

土层名称	层厚/m	容量/（kg/m³）	含水率/%	孔隙比/%	黏聚力	导热系数/（W/(m·K))
杂填土	6.5	18.3	35.4	0.9220	0.9220	2.15
粉质黏土	2.0	17.4	31.1	0.7991	0.7991	2.87
灰色黏土	4.5	18.7	39.8	0.9476	0.9476	3.13
砾石	3.0	19.6	29.5	1.2635	1.2635	2.94
粉砂	14	19.0	31.5	1.2313	1.2313	2.74
粉细砂		19.5	33.7	1.3079	1.3079	2.66

隧道部分的地下水主要有粉质黏土以及灰色黏土层以下深度的潜水，本工程位于第三土层灰色黏土层中，地下水流速低，对冻结法不产生影响，导热系数的信息元只包含了孔隙率一项，而不包含裂隙大小、裂隙流速和流体黏性，所以在对等效导热系数的计算中只对孔隙率一项进行修正。

2. 冻结壁的简化与计算

隧道采用暗挖法开挖，隧道断面较大，最大跨度9.0m，地表地势平坦，到隧道顶面距离平均9m左右，该隧道为马蹄形断面（如图11.14所示）。初衬为400mm厚喷锚混凝土结构，二衬为600mm厚锚喷混凝土。在进行冻结法冻结支护时，采用分期差异冻结法进行冻结，开挖过程中结合工程进度对隧道受力进行分析。压力值大小是设计中的重要部分，土层在冻结加固后，其物理性质发生很大变化，如何选择冻结后改变的参数是进行隧道设计的关键。根据以上章节对等效导热系数的分析，选择合适的冻结量，在不同开挖阶段对不同部位的冻结程度进行调节，可以为隧道开挖带来的应力释放提供良好的支护。根据冻土对隧道支护进行有限元计算，模拟每一阶段的开挖，分析隧道的应力和变形，预测隧道开挖的安全程度和施工条件。

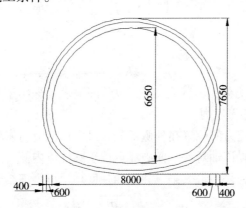

图 11.14　隧道断面图（单位：mm）

冻结管共计36根，冻结壁厚度与平均温度、布孔方式和冻结时间有关，并且以上物理量在设计中对工程费用和施工时间有很大影响，适当地优化参数可以在保证工程可靠度的情况下提高经济效益。冻结壁厚度根据轴对称平面应变力模型计算，如图11.15所示。

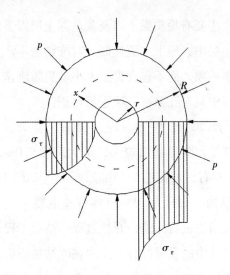

图 11.15 切向应力与径向应力图

径向应力和切向应力分别为

$$\begin{cases} \sigma_r = \left[1 - \left(\dfrac{r}{x}\right)\right]^2 \dfrac{R^2 p}{R^2 - r^2} \\ \sigma_\tau = \left[1 + \left(\dfrac{r}{x}\right)\right]^2 \dfrac{R^2 p}{R^2 - r^2} \end{cases}$$

当 $r = a$ 时，得

$$\sigma_\tau = 2 \frac{pR^2}{R^2 - r^2}$$

式中，σ_r 表示径向应力值；σ_τ 代表切向应力值；r 表示冻结壁小半径；R 表示冻结壁大半径；p 表示外界压力。

半径方向的最大应力的位置在外侧部分，最大切向应力发生在内侧部分，后者总是大于前者，所以该轴对称平面破坏点位于圆柱体内侧。由于常常假设土体冻结后符合流变模型，采用最大第三和第四强度理论可得冻结壁厚度

$$E_d = r \cdot \sqrt{\frac{\sigma}{\sigma - 2p} - 1}$$

冻结壁的危险区域位于冻结壁内侧 $r = a$ 处，由第三和第四强度理论可以得到冻结壁安全工作时的强度条件

$$E_d = r \cdot \sqrt{\frac{[\sigma]}{[\sigma] - \sqrt{3}P} - 1}$$

式中，$[\sigma]$ 表示冻结壁容许应力，$[\sigma] = \dfrac{\sigma}{K}$，$K$ 为安全系数，一般取值范围为 2 ~ 2.5；P 为所受到的应力值。

在根据冻结壁容许应力计算冻结壁厚度时，将相互咬合的冻结壁简化为与隧道断面形状相似的五心圆，根据安全要求，冻结壁厚度为 1.5m，共布置 3 排冻结管，每排 30 根，冻结深度为 20 m。在冻结壁上开水文观测孔，观察土层水压力数值，来确定冻结范围内是否成功咬合，图 11.16 所示为冻结壁与冻结范围的简化示意图。

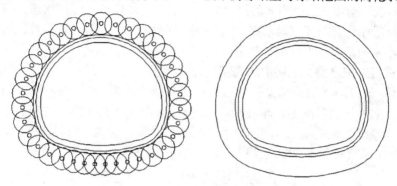

图 11.16　冻结壁与冻结范围简化示意图

3. 冻结温度场

冻结法施工环境条件一般比较复杂，天然环境下岩土体不仅各向异性，而且存在液相流体和固相岩土体之间的耦合作用，精确地计算它们之间的相互耦合比较困难。这一领域也存在诸多问题，所以在当下仍然是较好的科研课题，现在对温度场的计算以经验估算法为主。

根据工程热力学知识，研究冻结温度场的数学模型，为了表达方便，选冻结管轴向作为 y 坐标轴，横轴为冻结区域发展方向的长度。在冻结管轴方向取出长度为单位长的切片，在此范围内冻结壁的边界条件如图 11.17 所示。

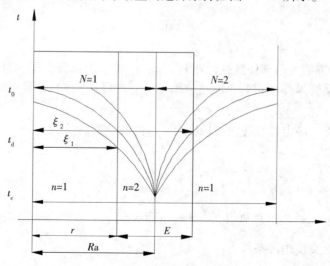

图 11.17　冻结温度场边界条件

在这个范围内假设冻结体是各向同性的，并且连续均匀，根据轴非平面传热方程，可以写出导热方程

$$\frac{\partial t_n}{\partial \tau} = \left(\frac{\partial^2 t_n}{\partial r^2} + \frac{1}{r} \frac{\partial t_n}{\partial r} \right) \lambda_n \quad (\tau > 0, \ 0 < r < \infty)$$

式中，n 表示土体状态，当 n 的值为 1 时，表示土体处于非冻结状态，当 n 的值为 2 时，表示土体处于冻结状态；τ 表示冻结时间；λ_n 表示导热系数，角标的值是土体在不同状态下对应的导热系数。

在进行支护之前，土层中的温度场无太大差异，分布均匀，假设为单值场，初始条件 $t(r,0) = t_0$；冻结支护开始后，与冻结管距离 $r \to \infty$ 处的温度场分布可以认为仍然是初始温度场，即边界条件 $t(\infty, \tau) = t_0$，称为第一类边界条件；在护壁的零度面上，是冻土和非冻结土之间的分界线，在这个分界面上 $t(\xi, \tau) = t_d$；在冻结面的两侧存在非线性边界条件的平衡方程

$$\lambda_2 \frac{\partial t_2}{\partial r_{r \to \xi_n}} - \lambda_1 \frac{\partial t_1}{\partial r_{r \to \xi_n}} = \sigma_n \frac{\mathrm{d}\xi_n}{\mathrm{d}\tau}$$

冻结护壁圈的内外热交换条件为

$$\lambda_n \frac{\mathrm{d}t_n}{\mathrm{d}r_{r - R_0}} = a(t_w - t_c), \ t(R_0, \tau) = t_c$$

式中，t_1 表示冻结场介入之前的地温均匀分布值；t_2 表示冻结后地温；t_w 表示冻结壁上的温度；t_c 为冻结媒介盐水的温度；λ_1 和 λ_2 表示非冻土和冻土的导热系数；R_0 表示冻结壁半径；ξ_n 表示冻结面在不同范围里的坐标，σ_n 表示岩土冻结时单位的热容。

可以根据傅里叶定律求冻结壁内部温度梯度和冻结壁内某界面的热流密度，即每秒通过该单位面积的热流量

$$q = -\lambda \frac{\mathrm{d}t}{\mathrm{d}r} = -\lambda \frac{t_1 - t_2}{r \ln \frac{r_2}{r_1}}$$

式中，r 是冻结壁内部任意处的半径；t_1，t_2 表示冻结管范围内外侧的温度；r_1，r_2 表示冻结管内外侧相对于冻结管轴心处的半径；q 是热流量密度；λ 是导热系数。

同样可以得出每秒钟通过长度为 1 米的冻结管的热量

$$Q = \frac{t_1 - t_2}{\frac{\ln r_2 / r_1}{2\pi l \lambda}}$$

式中，$\frac{1}{2\pi l \lambda} \ln \frac{r_2}{r_1}$ 表示总热阻，当 $l = 1\mathrm{m}$ 时表示单位长度的热阻。冻结壁冻结土体范围内的热交换边界条件为

$$\begin{cases} \lambda \left. \dfrac{dt}{dr} \right| = a_1 (t_{f1} - t_1),\ r = r_1 \\ \lambda \left. \dfrac{dt}{dr} \right| = a_2 (t_2 - t_{f2}),\ r = r_2 \end{cases}$$

式中，a_1 和 a_2 分别表示冻结管内外的换热系数；t_{f1} 和 t_{f2} 分别表示冻结管内外的温度。

单位时间内通过长度为 l 的冻结管的热量为

$$Q = \dfrac{t_{f1} - t_{f2}}{\dfrac{1}{2\pi r_1 a_1 l} + \dfrac{1}{2\pi l \lambda} \ln \dfrac{r_2}{r_1} + \dfrac{1}{2\pi r_2 a_2 l}}$$

冻结时间为

$$\tau = \dfrac{Q \xi^2}{2(t_d - t_a) \lambda} \ln \dfrac{\xi}{r}$$

在冻结法施工过程中，冻结天数常用经验公式进行估算：$t = \dfrac{(0.55 - 0.6) E}{V}$，$V$ 表示冻结速度，一般对砾石层取值 40mm/d；沙石取 22.5mm/d；黏土层取 15mm/d。

4. 冻结过程

土层中冻结前存在稳定的温度场，并且不考虑地下水影响，加入冻结管制冷后，变为非稳态温度场，制冷剂吸收周围土体的热量，并在冻结圈范围内冻结土体，并最终根据制冷量大小形成稳态的热场。在从稳态温度场变为非稳态温度场再达到稳态温度场的过程中，冻结管周围非冻结土体变为冻土，强度增加，随着冻土范围增大，相邻冻结管之间的冻土之间相互咬合，形成相交的冻结圈。在初始阶段，冻土发展速度很快，在基本达到稳定时，等温线的曲率减小，冻结速度变慢，达到冻结深度后冻结基本停止，来自土体的热量和制冷媒质之间的热交换基本相等，温度场分布达到稳定。图 11.18 所示为冻结面的发展形式与等温线的分布情况。

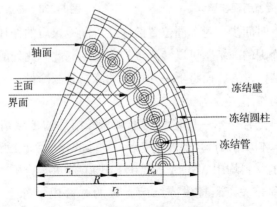

图 11.18　冻结面的发展形式与等温线状态

主面表示开挖部分与制冷点之间的区域；界面代表开挖土体中心与制冷点之间的区域；轴面表示制冷点之间的区域。在施工和设计中，用做模拟和计算的是轴面与主面，轴面的要求是必须相互咬合，以防止漏点存在，主面厚度对开挖土体支护安全性有直接作用。

5. 冻结法支护仿真分析

（1）建立模型

采用有限元软件 ADINA 对冻结法支护过程进行模拟，由于马蹄形断面不利于网格划分，所以将图 11.19 局部的圆弧近似处理成折线（见图 11.20），模型尺寸和物理参数分别来源于隧道设计资料和工程勘察资料。

一次全冻深法冻结适应性较强，但对制冷能力要求较高。采用差异冻结法和分期冻结法相结合的冻结方式，对冻结过程进行优化。开挖时间步小于 30，对等效冻结壁 1 的取值为 260MPa，其他冻结壁弹性模量减小 10MPa，即取值170MPa；开挖时间步 30 ~ 50，对等效冻结壁 2 部分弹性模量取值为 260MPa，其他冻结壁弹性模量为 170MPa；如上所述，每个开挖时间步的时间段内，将其对应接触的冻结壁弹性模量加强为 260MPa，其他冻结壁的弹性模量则减小10MPa，弹性模量加强顺序见图 11.20。

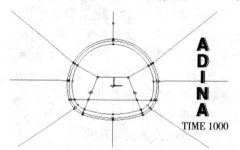

图 11.19 隧道断面模型

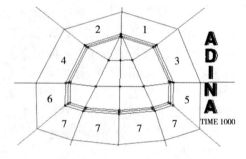

图 11.20 隧道断面模型简化

根据不同开挖时间步，对不同位置的冻结管制冷媒质的循环量进行控制，在开挖完成的土体周围的冻结壁可以转入维护冻结期，此时此处的制冷媒介可以稍微减少，控制冻结壁发展，而将下一开挖处的冻结管制冷量加大，从而起到优先支护该部分土体的作用。

定义土体材料符合摩尔－库伦强度准则，冻结后的土层则定义为线弹性材料，并且不考虑土体冻结后产生的冻胀变形，土体的导热系数设置为 3.25W/（m·K），初衬和二衬的材料均用 ADINA 提供的 SHELL 体进行分析，并且假设为线弹性材料。根据工程相关资料提供冻结后土体的弹性模量冻土为 2GPa，泊松比0.25；混凝土弹性模量 20GPa，泊松比 0.25。分期冻结的冻结壁弹性模量修正量为 0.2GPa，泊松比不做改变，隧道的开挖方式为环形开挖留核心土法分步开挖，建立模型并划分网格如图 11.21 所示。

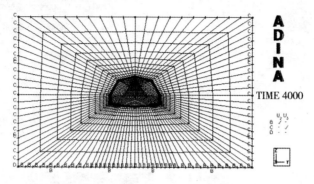

图 11.21　隧道开挖模型网格划分

（2）初始模型求解与结果

用修正前的导热系数值分析开挖过程，隧道不同时间步下断面整体的竖向位移云图如图 11.22 至图 11.25 所示，分析开挖过程中的各个开挖时间步，可以得到断面竖向位移最大点的位置。

对开挖部分采用 ADINA 提供的生死单元法进行求解，初衬和二衬的支护效果受到时间的影响，利用 Element Death Decay Time 来改变挖后周围单元的刚度，从而尽可能地切合施工工程中所耗费的时间带来的影响，在土层应力释放过程中，土体的变形是随时间发展变化的，土体虽然假设为符合摩尔－库仑定律的弹性材料，但事实上土体存在塑性变形。刚度腐蚀时间可以将应力缓慢释放，如果土体稳定后支护，那么土体已经承受了所有的应力释放带来变形，后期的支护已经无法起到支护作用，而如果在开挖前进行支护，则支护结构承受了所有应力，也是和实际施工不符合的。本次模拟采用的刚度腐蚀时间为一个开挖循环，当对某一开挖后的土体进行衬砌时，同时开挖下一土体。

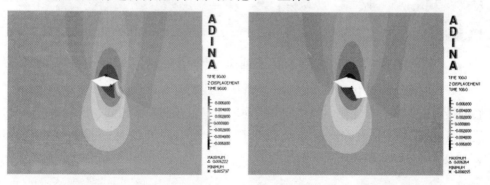

图 11.22　开挖时间步为 90，100 时隧道断面竖向变形等值线分布图

图 11.23   开挖时间步为 120，150 时隧道断面竖向变形等值线分布图

图 11.24   开挖时间步为 180，190 时隧道断面竖向变形等值线分布图

图 11.25   开挖时间步为 240，300 时隧道断面竖向变形等值线分布图

开挖时间步骤进行到 240 之后，变形等值线的改变只在局部发生，拱顶和拱底的最大变形量仍在变化，但不同开挖时间步等值线图基本相同，所以部分等值线图没有列出，重力方向隧道变形量最大点在不同开挖时间步的变形量见表 11.8。

表 11.8   不同开挖时间步隧道竖向最大位移值

时间步	最大沉降值/mm	最大隆起值/mm	时间步	最大沉降值/mm	最大隆起值/mm
10	−1.13	0.00	140	−7.13	7.55
20	−1.16	0.12	150	−7.18	7.57
30	−2.46	1.71	160	−7.18	7.59
40	−2.57	1.87	180	−7.48	7.83
50	−2.96	2.70	190	−7.48	7.84
60	−3.31	3.16	200	−7.67	7.83
70	−4.27	4.39	240	−7.74	7.84
80	−4.62	4.66	250	−7.76	7.84
90	−6.22	5.80	260	−7.77	7.85
100	−6.36	6.10	270	−7.77	7.87
110	−7.17	7.27	280	−7.77	7.90
120	−7.31	7.30	290	−7.77	7.92
130	−7.13	7.45	300	−7.77	7.94

表 11.8 中列出的数据是整个开挖过程中隧道断面竖向产生的最大变形量,由于采用分步开挖,隧道断面位移最大值产生的位置在开挖过程中有所变化,隧道断面的最大变形位置随着开挖不同部位的土体会有所不同,该表中的数据反映的是在开挖过程中对隧道断面的整体支护效果。为了从另一个侧面观察对导热系数进行修正后的支护效果,取拱底节点 551,分析出其在开挖过程中的隆起值。表 11.9 所列为采用未经修正的导热系数进行开挖模拟的拱底位移值。

表 11.9   未经修正导热系数模拟开挖拱底 551 节点隆起值

时间步	修正前拱底最大隆起/mm	时间步	修正前拱底最大隆起/mm
0	−0.00	100	−3.84
10	−0.69	110	−4.94
20	−0.76	120	−5.09
30	−1.02	130	−5.39
40	−1.13	140	−5.62
50	−1.62	150	−5.85
60	−1.85	160	−5.85
70	−2.23	170	−5.97
80	−2.52	180	−6.21
90	−3.48	190	−6.21

续表11.9

时间步	修正前拱底最大隆起/mm	时间步	修正前拱底最大隆起/mm
200	−6.43	300	−7.16
210	−6.94	310	−7.15
220	−7.10	320	−7.15
230	−7.19	330	−7.13
240	−7.17	340	−7.13
250	−7.17	350	−7.13
260	−7.17	360	−7.13
270	−7.16	370	−7.13
280	−7.16	380	−7.13
290	−7.16	390	−7.13

（3）等效导热系数求解与结果

在用冻结法进行支护时，在冻结能力一定的情况下，导热系数不发生变化。但实际情况是由于冻结壁的存在，土体中流体趋于静止。冻结法支护的前提是土体中含水率达到一定数值，由于孔隙水的存在，土体的导热系数已经发生变化，孔隙率在55%时假设土体处于饱和状态。利用前面推导的在一定孔隙率范围内饱和状态多孔介质等效导热系数回归公式，可以调整现有的导热系数。但由于冻结法冻结过程中水分迁徙路径较为固定，并且对自然流作用较小，故不再对土体的导热系数进行黏滞系数修正，只对导热系数进行饱和状态下的孔隙率修正。如表11.10所示，其他物理参数与表11.7相同。

表11.10 土层物理参数

层号	1	2	3	4	5	6
土层名称	杂填土	粉质黏土	灰色黏土	沙质粉土	粉砂	粉细砂
导热系数/(W/(m·k))	2.15	2.87	3.13	2.94	2.74	2.66

将冻结壁土体的导热系数进行孔隙率上的修正，采用变量的导热系数函数模拟开挖过程并分析结果，可以得出另一组隧道断面的最大位移值等值线图（见图11.26至图11.29）。

图 11.26　开挖时间步为 90，100 时隧道断面竖向位移等值线分布图

图 11.27　开挖时间步为 120，150 时隧道断面竖向位移等值线分布图

图 11.28　开挖时间步为 180，190 时隧道断面竖向位移等值线分布图

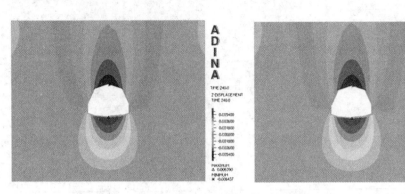

图 11.29 开挖时间步为 240，300 时隧道断面竖向位移等值线分布图

与不修正导热系数的模拟分析相同，采用动态变量输入的等效导热系数也有部分云图没有列出，主要施工过程中开挖不同土体导致的最大变形量如表 11.11 所示。

表 11.11　　　　　　　　　　不同开挖时间步重力方向最大位移值

时间步	最大沉降值/mm	最大隆起值/mm	时间步	最大沉降值/mm	最大隆起值/mm
10	− 1.56	0.00	140	− 6.65	6.03
20	− 1.56	0.13	150	− 6.45	6.21
30	− 2.51	1.35	160	− 6.45	6.22
40	− 2.61	1.47	180	− 6.71	6.43
50	− 2.90	2.12	190	− 6.70	6.44
60	− 3.20	2.56	200	− 6.87	6.44
70	− 4.03	3.67	240	− 6.87	6.44
80	− 4.34	3.89	250	− 6.87	6.44
90	− 5.70	4.84	260	− 6.87	6.45
100	− 5.81	5.07	270	− 6.87	6.46
110	− 6.49	5.93	280	− 6.87	6.48
120	− 6.61	5.95	290	− 6.87	6.50
130	− 6.67	5.95	300	− 6.87	6.51

在模拟过程中，冻结量的大小体现在冻结壁的厚度上，以上两种模拟情况均没有改变冻结壁的厚度，即没有改变冻结量的大小，在冻结管制冷率一定的情况下，考察导热系数修正前后冻结壁对支护效果带来的影响。将拱顶最大位移值和拱底最大隆起值相比较，如图 11.30 和图 11.31 所示。通过对比可以观察到，开挖过程中，在不改变冻结壁厚度情况下，采用等效导热系数修正后的开挖过程更为稳定。

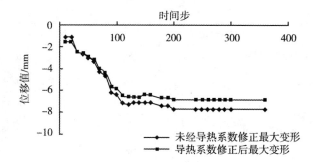

图 11.30 导热系数修正前后开挖过程中的最大竖向位移对比

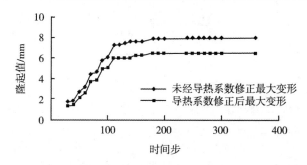

图 11.31 导热系数修正前后开挖过程中的最大隆起值对比

经等效导热系数修正后，整个开挖过程中产生的最大竖向位移几乎全部要小于修正前的最大竖向位移，没有经过等效导热系数修正的开挖模拟，产生的最大变形要比修正后开挖模拟大 25% 左右。根据模拟结果可知，采用等效导热系数对冻结壁所需要的冻结量进行计算，可以得到更为准确的冻结量，从而在满足变形量的前提下，对冻结法施工所需要的冻结量进行优化。

从另一方面考察修正土体等效导热系数对开挖过程带来的影响，提取拱底节点 551，分析出其在开挖过程中的隆起值，如表 11.12 所列。经过修正后的等效导热系数导入土体参数后，在相同冻结量的情况下，拱底隆起明显减小，说明支护效果比之前预计的要好，从而可以根据工程需要，考虑选择合适的冻结设备和冻结量。

表 11.12 修正后导热系数模拟开挖拱底 551 节点隆起值

时间步	修正后拱底最大隆起/mm	时间步	修正后拱底最大隆起/mm
0	0.00	50	1.69
10	0.96	60	1.89
20	1.02	70	2.22
30	1.22	80	2.47
40	1.31	90	3.29

续表 11. 12

时间步	修正后拱底最大隆起/mm	时间步	修正后拱底最大隆起/mm
100	3. 60	250	6. 39
110	4. 52	260	6. 38
120	4. 65	270	6. 38
130	4. 90	280	6. 38
140	5. 10	290	6. 38
150	5. 29	300	6. 37
160	5. 28	310	6. 37
170	5. 39	320	6. 37
180	5. 58	330	6. 35
190	5. 58	340	6. 35
200	5. 76	350	6. 35
210	6. 19	360	6. 35
220	6. 31	370	6. 35
230	6. 41	380	6. 35
240	6. 39	390	6. 35

导热系数修正前后对拱底最大隆起值的影响如图 11. 32 所示。

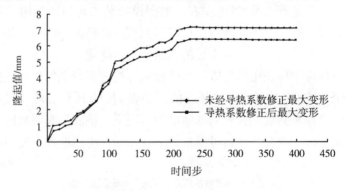

图 11. 32 导热系数修正前后拱底最大隆起值

导热系数的修正对拱底最大隆起也产生了影响，导热系数修正前隧道断面最大隆起值达到 7. 13mm，修正为等效导热系数后，隧道断面的最大隆起值降低为 6. 35mm。导热系数的选取同样影响了支护效果，可以在满足隧道施工设计对隆起值限制的前提下，选择更为合适的冻结设备与冻结量，从而达到更好的经济目标。

参 考 文 献

［1］ Bai M, Elsworth D. Modeling of subsidence and stress-dependent hydraulic conductivity of intact and fractured porous media ［J］. Rock Mech. Rock Engng. , 1994, 27 （4）: 209 – 234.

［2］ Biot M A. General theory of the three-dimensional consolidation ［J］. J. Appl. Phys. , 1941 （12）: 155 – 164.

［3］ Bredehoeft J D, Papadopulos S S. A method for determining the hydraulic properties of tight formations ［J］. Water Resources Research, 1980, 16 （1）: 233 – 238.

［4］ Bruno M S, Nakagaw F M. Pore pressure influence on tensile fractur progagation in sedimentary rock ［J］. Int. J. Rock Mech. Min. Sci. & Geomech Abstr. , 1991, 28 （4）: 261 – 273.

［5］ C M R Fowler, Stead D, Pandit B I, et al. A database of physical roperties of rocks from the Trans-Hudson Orogen, Canada ［J］. Canadian Journal of Earth Sciences, 2005 （42）: 555 – 573.

［6］ Gangi A F. Variation of whole and fractured porous rock permeability with confining pressure ［J］. Int. J. Rock Mech. Min. Sci. & Geomech. Abstr. , 1978, 15 （3）: 249 – 257.

［7］ H Inaba. New challenge in advanced thermal energy tansportation using functionally termal fluids ［J］. Int. J Therm. Sci. , 2000, 39 （6）: 991 – 1000.

［8］ Honder J A, Beck J V. Field test of a new method for determining soil formation thermal conductivity and borehole resistance ［J］. Ashrae Transactions, 2000, 106 （1）: 843 – 850.

［9］ Louis C. A study of groundwater flow in jointed rock and its influence on stability of rock masses ［R］. London: Imperial College, 1969.

［10］ National Research Council. Rock fractures and fluid flow: contemporary understanding and applications ［M］. Washington D C: National Academy Press, 1996.

［11］ Petr Stulc. Dynamics of the substance temperature field caused bymining relatedground water management ［J］. Studia geoph. Et. Geod, 2000 （44）: 442 – 459.

［12］ Snow D T. Anisotropic permeability of fractured media ［J］. Water Resour. Resear. , 1969, 5 （6）: 1273 – 1289.

［13］ O´shanskii V P. Identification of the parameters of a nested cylindrical heat source under stationary self-heating of a raw material mass of the same from ［J］. Journal of Engineering physics and Thermophysics, 2004, 77 （1）: 242 – 247.

［14］ Zhang J, Bai M, Roegiers J C, et al. Determining stress-dependent permeability in the laboratory ［C］ // Rock Mech. for Industry. Rotterdam: A. A. Balkema, 1999: 341 – 347.

［15］ Zhang J, Bai M, Roegiers J C. Dual-porosity analyses of wellbore stability ［J］. Int. J. Rock Mech. Min. Sci. , 2003, 40 （4）: 473 – 483.

[16] Zhang J, Liu T. The stress-sensitive hydraulic conductivity for fractured rock masses［C］//
Int. Symp. Coupled on Phenomena in Civil, Min. and Petrol. Eng. Norman：Univ. of
Oklahoma, 1999.

[17] Zhang J, Roegiers J C, Spetzler H A. Influence of stress on permeability around a borehole in
fractured porous media［J］. Int. J. Rock Mech. Min. Sci., 2004, 41（2）：454 – 464.

[18] Zhang J, Roegiers J C. Double porosity finite element method for borehole modeling［J］. Rock
Mech. Rock Engng., 2005, 38（3）：217 – 242.

[19] Zhang J, Shen B. Coal mining under aquifers in China：a case study［J］. Int. J. Rock
Mech. Min. Sci., 2004, 41（4）：629 – 639.

[20] Zhang J. Dual-porosity approach to wellbore stability Ph. D. Thesis［D］. Norman：Uinv. of
Oklahoma, 2002.

[21] 安其美, 赵仕广, 丁立丰, 等. 单回路双栓塞止水压水技术及其应用［J］. 水力发电学
报, 2004, 23（5）：50 – 53.

[22] 白冰. 变温度荷载作用下半无限成层饱和介质的热固结分析［J］. 应用数学和力学,
2006, 27（11）：1341 – 1348.

[23] 白兰兰, 陈建生, 王新建, 等. 裂隙岩体热流模型研究［J］. 人民黄河, 2007, 129
（5）：61 – 63.

[24] 柴军瑞, 韩群柱, 仵彦卿. 岩体一维渗流场与温度场耦合模型的解析演算［J］. 地下
水, 1999, 21（4）：180 – 182.

[25] 柴军瑞. 混凝土坝渗流场与稳定温度场耦合分析的数学模型［J］. 水力发电学报, 2000
（1）：27 – 35.

[26] 柴军瑞. 岩体裂隙网络非线形渗流分析［J］. 水动力学研究与进展：A 辑, 2002, 17
（2）：217 – 221.

[27] 柴军瑞. 岩体渗流 – 应力 – 温度三场耦合的连续介质模型［J］. 红水河, 2003, 22
（2）：18 – 20.

[28] 柴立和, 蒙毅, 彭晓峰. 传热学研究及其未来发展的新视角探索［J］. 自然杂志,
1999, 12（01）：38 – 42.

[29] 陈良富. 地表热辐射方向性研究进展［J］. 地理科学进展, 2001（3）：263 – 266.

[30] 陈平, 张有天. 裂隙岩体渗流与应力耦合分析［J］. 岩石力学与工程学报, 1994（4）：
299 – 308.

[31] 陈庆中, 张弥, 冯星梅. 应力场、渗流场和流场耦合系统定边值定初值问题的变分原理
［J］. 岩石力学与工程学报, 1999, 18（5）：550 – 553.

[32] 陈兴周, 李宝国, 董源, 等. 裂隙岩体水 – 岩传热分析［J］. 西北水电, 2007（3）：18
– 20.

[33] 陈占清, 缪协兴, 刘卫群. 采动围岩中参变渗流系统的稳定性分析［J］. 中南大学学
报, 2004, 35（11）：129 – 133.

[34] 崔其山. 导热系数及其计算［J］. 化工设备, 2003, 33（6）：32 – 34.

[35] 邓广哲, 黄炳香, 王广地, 等. 圆孔孔壁裂隙水压扩张的压力参数理论分析 [J] 西安科技学院学报, 2003, 23 (4): 361 – 364.

[36] 邓军, 杨立强. 构造 – 流体 – 成矿系统及其动力学的理论格架与方法体系 [J]. 地球科学, 2000, 25 (1): 71 – 78.

[37] 丁百川, 邓存宝, 王继仁. 矿井封闭火区热交换及启封时间研究 [J]. 辽宁工程技术大学学报, 2003, 22 (4): 52 – 54.

[38] 丁立丰, 郭放良, 王成虎. 工程岩体裂隙渗透性试验方法研究及应用 [J]. 岩土力学, 2009, 30 (9): 2509 – 2604.

[39] 董羽蕙, 屈俊童. 大体积混凝土温度场的仿真分析 [J]. 昆明理工大学学报: 理工版, 2004, 29 (5): 87 – 91.

[40] 冯兴隆, 陈日辉. 国内外深井降温技术研究和进展 [J]. 云南冶金, 2005, 34 (5): 7 – 10.

[41] 冯毅, 梁满兵. 稳态平板导热系数测定仪的误差分析 [J]. 广州化工, 2006, 34 (1). 56 – 64.

[42] 高海鹰. 裂隙岩体渗流场与应力场耦合分析方法 [J]. 云南农业大学学报, 1997 (2): 137 – 142.

[43] 高建良, 张学博. 潮湿巷道风流温度及湿度计算方法研究 [J]. 中国安全科学学报, 2007, 17 (6): 114 – 119.

[44] 高建良, 张学博. 围岩散热计算及壁面水分蒸发的处理 [J]. 中国安全科学学报, 2006 (16): 23 – 28.

[45] 龚爱娥. 裂隙岩体渗流 – 应力耦合特性研究 [D]. 武汉: 湖北工业大学, 2008.

[46] 何满潮, 吕晓俭, 景海河. 深部工程围岩特性及非线性动态力学设计理念 [J]. 岩石力学与工程学报, 2002, 21 (8): 1215 – 1224.

[47] 何满潮, 张毅, 乾增珍, 等. 储冷对井治理深部矿井热害研究 [J]. 煤田地质与勘探, 2006, 34 (5): 23 – 26

[48] 洪伯潜. 我国深井快速建井综合技术 [J]. 煤炭科学技术, 2006, 34 (1): 8 – 11.

[49] 侯祺棕. 调热圈半径及其温度场的数值解算模型 [J]. 湘潭矿业学院学报, 1997, 5 (1): 9 – 16.

[50] 胡雪蛟, 杜建华, 王补宣. 液相饱和度对多孔介质稳态导热系数的影响 [J]. 工程热物理学报, 2001, 11 (6): 125 – 128.

[51] 黄涛, 杨立中. 异常温压条件下深层地下卤水渗流数学模型的研究 [J]. 水文地质工程地质, 1996, 23 (1): 35 – 39.

[52] 黄涛, 杨立中. 渗流 – 应力 – 温度耦合下裂隙围岩隧道涌水量的预测 [J]. 西南交通大学学报: 自然科学版, 1999 (5): 554 – 559.

[53] 黄涛. 裂隙岩体渗流 – 应力 – 温度耦合作用研究 [J]. 岩石力学与工程学报, 2002, 21 (1): 77 – 82.

[54] 吉小明, 白世伟, 杨春和. 裂隙岩体流固耦合双重介质模型的有限元计算 [J]. 岩土力学, 2003, 24 (5): 748 – 750.

[55] 孔祥言，李道伦，徐献芝，等. 热－流－固耦合渗流的数学模型研究 [J]. 水动力研究与进展，2005，20（2）：269－275.

[56] 赖远明，刘松玉，邓华钧. 寒区大坝温度场和渗流场耦合问题的非线性数值模拟 [J]. 水利学报，2001（8）：26－31.

[57] 李地元，李夕兵，张伟. 裂隙岩体的流固耦合研究现状与应用展望 [J]. 水力与建筑工程学报，2007，5（1）：1－5.

[58] 李莉，张人伟，王亮，等. 矿井热害分析及其防治 [J]. 煤矿现代化，2006（2）：56－58.

[59] 李宁，陈波，党发宁. 裂隙岩体介质温度、渗流、变形耦合模型与有限元解析 [J]. 自然科学进展，2000，10（8）：722－728.

[60] 李培超. 饱和多孔介质流固耦合渗流的数学模型 [J]. 水动力学研究与进展，2004，18（4）：419－426.

[61] 李振顶，彭辉仕. 矿井热害的治理方法及效果 [J]. 煤炭科学技术，2002，30（1）：22－24.

[62] 李忠华，张永利，孙可明. 流体力学 [M]. 沈阳：东北大学出版社，2004.

[63] 梁冰，刘晓丽，薛强. 低渗透地下环境中水－岩作用的渗流模型研究 [J]. 岩石力学与工程学报，2004，23（5）：745－750.

[64] 梁卫国，徐素国，李志萍，等. 盐矿水溶开采固－液－热－传质耦合数学模型与数值模拟 [J]. 自然科学进展，2004，14（8）：945－949.

[65] 刘长吉，陈建生，白兰兰. 裂隙岩体地区导热－对流型温度场垂向渗透系数的计算及分布特征研究 [J]. 岩石力学与工程学报，2007，26（4）：780－786.

[66] 刘光廷，黄达海. 混凝土湿热传导与湿热扩散特性试验研究：I [J]. 三峡大学学报，2002，15（2）：12－18.

[67] 刘继山. 单裂隙受正应力作用时的渗流公式 [J]. 水文地质工程地质，1987，14（2）：28－32.

[68] 刘继山. 结构面力学参数与水力参数耦合关系及其应用 [J]. 水文地质工程地质，1988，15（2）：7－12.

[69] 刘建军，薛强. 岩土热－流－固耦合理论及在采矿工程中的应用 [J]. 武汉工业学院学报，2004，23（3）：55－60.

[70] 刘明，章青，刘仲秋，等. 考虑渗透系数变化的地下结构温度渗流耦合分析 [J]. 力学季刊，2011，32（2）：183－188.

[71] 刘善利. 饱和岩体热流固耦合模型研究 [D]. 南京：河海大学，2007.

[72] 刘天泉，仲维林，焦传武，等. 煤矿地表移动与覆岩破坏规律及其应用 [M]. 北京：煤炭工业出版社，1981.

[73] 刘亚晨，席道瑛. 核废料贮存裂隙岩体中 THM 耦合过程的有限元分析 [J]. 水文地质工程地质，2003（3）：81－87.

[74] 刘亚晨. 核废料贮存裂隙岩体水热耦合迁移及其与应力的耦合分析 [J]. 岩石力学与工程学报，2001，20（1）：33.

[75] 刘亚晨. 裂隙岩体介质 THM 耦合问题中的渗透特性研究 [J]. 地质灾害与环境保护，2004，15（1）：80－84.

[76] 马立强，张东升，缪协兴，等. FLAC3D 模拟采动岩体渗流规律 [J]. 湖南科技大学学报：自然科学版，2006，21（3）：1 - 5.

[77] 毛昶熙. 渗流计算分析与控制 [M]. 北京：中国水利水电出版社，1988.

[78] 缪协兴，刘卫群，陈占清. 采动岩体渗流与煤矿灾害防治 [J]. 西安石油大学学报：自然科学版，2007，22（2）：74 - 78.

[79] 潘宏亮. 多孔介质有效导热系数的计算方法 [J]. 航空计算技术，2000，30（3）：12 - 15.

[80] 彭担任，杨长海，隋金峰. 高温矿井热害的防治 [J]. 矿业安全与环保，1999（6）：45 - 49，57.

[81] 彭担任，赵全富，胡兰文，等. 煤与岩石的导热系数研究 [J]. 矿业安全与环保，2000（6）：16 - 19.

[82] 彭苏萍，孟召平，王虎，等. 不同围压下砂岩孔渗规律试验研究 [J]. 岩石力学与工程学报，2003，22（5）：742 - 746.

[83] 全国国有煤矿安全保障能力调研报告 [R]. 北京：国家安全生产监督管理局，2005.

[84] 饶龙. 裂隙岩体温度 - 渗流 - 应力耦合作用的三维模型 [R]. 2006 年中国西部复杂油气藏地质与勘探技术研讨会，2006.

[85] 任晔. 单裂隙岩体渗流与传热耦合的解析解与参数敏感度分析 [D]. 北京：北京交通大学，2009.

[86] 沈怀至，李振富. 高压压水试验在压力隧洞设计中的应用 [J]. 四川水力发电，2005，24（1）：15 - 17.

[87] 沈维道，蒋智敏，童钧耕. 工程热力学 [M]. 北京：高等教育出版社，2000.

[88] 盛金昌. 多孔介质流 - 固 - 热三场全耦合数学模型及数值模拟 [J]. 岩石力学与工程学报，2006，25（1）：3028 - 3033.

[89] 盛谦. 混凝土导热系数试验研究 [J]. 大众科技，2009（8）：78 - 80.

[90] 宋晓晨，徐卫亚. 裂隙岩体渗流概念模型研究 [J]. 岩土力学，2004，25（2）：226 - 232.

[91] 孙广忠. 岩体结构力学 [M]. 北京：科学出版社，1988.

[92] 孙红萍，袁迎曙，蒋建华，等. 表层混凝土导热系数规律的试验研究 [J]. 混凝土，2009（5）：59 - 61.

[93] 孙培德，杨东全，陈奕柏. 多物理场耦合模型及数值模拟导论 [M]. 北京：中国科学技术出版社，2007.

[94] 孙树魁，张树光. 埋深对井巷温度场分布影响的研究 [J]. 辽宁工程技术大学学报，2003，22（3）：301 - 302.

[95] 谭凯旋，谢焱石，赵志忠，等. 构造流体成矿体系的反应输运 - 力学耦合模型和动力学模拟 [J]. 地学前沿，2001，8（4）：312 - 323.

[96] 唐丽娟. 深部巷道围岩的导热性试验与温度场分布的研究 [D]. 阜新：辽宁工程技术大学，2009.

[97] 徐义洪. 渗流作用下深部矿场采动围岩的传热机理研究 [D]. 阜新：辽宁工程技术大学，2009.

[98] 李志健. 大强煤矿热害区巷道围岩温度场的多场耦合模拟分析 [D]. 阜新：辽宁工程技术大学，2010.

[99] 路明. 流固耦合条件下岩土体等效导热系数反演与传热机理研究 [D]. 阜新：辽宁工程技术大学，2011.

[100] 王媛，徐志英，速宝玉. 复杂裂隙岩体渗流与应力弹塑性全耦合分析 [J]. 岩石力学与工程学报，2000，19（2）：177 – 181.

[101] 王媛. 单裂隙面渗流与应力的耦合特性 [J]. 岩石力学与工程学报，2002，21（1）：83 – 87.

[102] 王补宣，胡柏耿. 非均一多孔介质中的水热迁移研究 [J]. 工程热物理学报，1996，17（1）：64 – 68.

[103] 王飞. 复杂高温灾害矿井综合治理技术的研究与应用 [J]. 煤炭技术，2007，26（1）：69 – 72.

[104] 王福成，王英敏. 红透山矿地温预热潜力的研究 [J]. 工业安全与防尘，1996（5）：22 – 25.

[105] 王贵宾，杨春和. 岩体节理三维网络模拟技术及渗透率张量分析 [J]. 岩石力学与工程学报，2004，23（21）：3591 – 3594.

[106] 王琴，程宝义，缪小平. 基于 PHOENICS 的地下工程岩土耦合传热动态模拟 [J]. 建筑热能通风空调，2005，24（4）：19 – 23.

[107] 王如宾，柴军瑞. 单裂隙水流作用下岩体稳定温度场理论模型与有限元数值模拟 [J]. 水利水电技术，2006（9）：17 – 19.

[108] 王文，桂祥友，王国君. 矿井热害的治理 [J]. 矿业安全与环保，2002（3）：113 – 116.

[109] 王贤能，黄润秋. 深埋长隧道温度场的评价预测 [J]. 水文地质工程地质，1996，23（6）：6 – 10.

[110] 王余富，谢永利. 岩石导热系数确定的一种新方法 [J]. 低温建筑技术，2009（9）：11 – 12.

[111] 王媛，速宝玉. 单裂隙面渗流特性及等效水力隙宽 [J]. 水科学进展，2002，13（1）：61 – 68.

[112] 王媛，徐志英. 裂隙岩体渗流与应力耦合分析的四自由度全耦合法 [J]. 水力学报，1998（7）：55 – 60.

[113] 王志军. 高温矿井地温分布规律及其评价体系研究 [D]. 青岛：山东科技大学，2006.

[114] 韦立德，杨春和. 压剪应力条件下各向异性岩石损伤本构模型和渗流模型：Ⅰ 理论模型 [J]. 岩土力学，2006，27（3）：428 – 435.

[115] 韦四江，勾攀峰，马建宏. 深井巷道围岩应力场、应变场和温度场耦合作用研究 [J]. 河南理工大学学报，2005，24（5）：351 – 354.

[116] 吴刚. 岩土材料导热系数及水源热泵室内模拟试验研究 [D]. 长春：吉林大学，2009.

[117] 吴强，秦跃平. 巷道围岩非稳态温度场有限元分析 [J]. 辽宁工程技术大学学报，2002，21（5）：604 – 607.

[118] 仵彦卿，张倬元. 岩体水力学导论 [M]. 成都：西南交通大学出版社，1994.

［119］仵彦卿. 作用在岩体裂隙网络中的渗透力分析［J］. 工程地质学报, 2001, 9 (1): 24 － 28.

［120］仵彦卿. 裂隙岩体应力与渗流关系研究［J］. 水文地质工程地质, 1995 (6): 30 － 35.

［121］仵彦卿. 渗流场 - 应力场耦合分析［J］. 勘察科学技术, 1998, 4 (13): 3 － 6.

［122］肖衡林, 蔡德所, 何俊. 基于分布式光纤传感技术的岩土体导热系数测定方法［J］. 岩石力学与工程学报, 2009 (4): 819 － 826.

［123］谢和平, 陈忠辉. 岩石力学［M］. 北京: 科学出版社, 2004.

［124］谢中朋, 宋晓燕. 高温矿井地温分布规律与反问题研究［J］. 能源技术与管理, 2009, 12 (4): 84 － 86.

［125］邢娟娟. 井下高温作业的矿工生理、生化测定研究［J］. 中国安全科学学报, 2001, 11 (4): 45 － 48.

［126］徐曾和, 章子霞. 定量开采条件下径向渗流的液固耦合问题［J］. 应用力学学报, 2004, 21 (2): 16 － 21.

［127］徐曾和. 二维应力场下承压地层中渗流的流固耦合问题［J］. 岩石力学与工程学报, 1999, 29 (12): 64 － 65.

［128］杨德源. 矿井风流热交换［J］. 煤矿安全, 2003, 10 (9): 94 － 96.

［129］杨胜强. 高温、高湿矿井中风流热力动力变化规律及热阻力的研究［J］. 煤炭学报, 1997 (6): 627 － 631.

［130］杨世铭, 陶文铨. 传热学［M］. 北京: 高等教育出版社, 1998.

［131］杨天鸿, 徐涛, 刘建新, 等. 应力 - 损伤 - 渗流耦合模型及在深部煤层瓦斯卸压实践中的应用［J］. 岩石力学与工程学报, 2005, 24 (16): 2900 － 2905.

［132］杨咸启, 李晓玲. 现代有限元理论技术与工程应用［M］. 北京: 北京航空航天大学出版社, 2007.

［133］易顺民, 朱珍德. 裂隙岩体损伤力学导论［M］. 北京: 科学出版社, 2005.

［134］殷黎明, 杨春和, 王贵宾, 等. 地应力对裂隙岩体渗流特性影响的研究［J］. 岩石力学与工程学报, 2005, 24 (17): 3071 － 3075.

［135］尹尚先, 王尚旭. 不同尺度下岩层渗透性与地应力的关系及机理［J］. 中国科学: D 辑地球科学, 2006, 36 (5): 472 － 480.

［136］尹尚先, 武强, 王尚旭. 范各庄矿井地下水系统广义多重介质渗流模型［J］. 岩石力学与工程学报, 2004, 23 (14): 2319 － 2325.

［137］于宝海, 杨胜强, 王义江, 等. 深部高温矿井区域可循环通风系统及应用［J］. 煤炭安全, 2005, 36 (9): 8 － 13.

［138］于明志, 彭晓峰, 方肇洪. 用于现场测量深层岩土导热系数的简化方法［J］. 热能动力工程, 2003, 18 (5): 512 － 517.

［139］袁亮. 淮南矿区矿井降温研究与实践［J］. 采矿与安全工程学报, 2007, 27 (3): 298 － 301.

［140］战国会. U 型竖直埋管钻孔外传热模型研究［D］. 杭州: 浙江大学, 2011.

［141］张朝昌, 徐东来, 朱兴明. 透平膨胀制冷在高温矿井降温中的应用［J］. 西安科技大

学学报，2003（4）：397－399.

[142] 张枫，肖建庄，宋志文. 混凝土导热系数的理论模型及其应用 [J]. 商品混凝土，2009（2）：23－25，51.

[143] 张金才，刘天泉，张玉卓. 裂隙岩体渗流特征的研究 [J]. 煤炭学报，1997，22（5）：481－485.

[144] 张金才，王建学. 岩体应力与渗流的耦合及其工程应用 [J]. 岩石力学与工程学报，2006，25（10）：1981－1989.

[145] 张金才，张玉卓. 应力对裂隙岩体渗流影响的研究 [J]. 岩土工程学报，1998，20（2）：18－22.

[146] 张菊明，熊亮萍. 有限单元法在地热研究中的应用 [M]. 北京：科学出版社，1986.

[147] 张强林，王媛. 裂隙岩体等效热传导系数的探讨 [J]. 西安石油大学学报，2009，24（4）：26－29.

[148] 张树光，贾宝新. 热害矿井气流与围岩热交换的数值模拟 [J]. 科学技术与工程，2006，6（24）：3832－3835.

[149] 张树光，孙树魁，张向东，等. 热害井巷道温度场分布规律研究 [J]. 中国地质灾害与防治学报，2003，14（3）：9－11.

[150] Zhang Shuguang. Numerical simulation of temperature field in surrounding rock and airflow couping [C]. Water-Rock Interaction（第12届水岩相互作用国际会议）.

[151] 张树光. 深埋巷道围岩温度场的数值模拟分析 [J]. 科学技术与工程，2006，6（14）：2194－2196.

[152] 张二军，张树光，贾宝新. 渗流作用下深埋巷道围岩热交换过程的数值模拟 [C] //第一届中国水利水电岩土力学与工程学术讨论会论文集，2007：372－373.

[153] 张树光，赵亮，徐义洪. 裂隙岩体传热的流热耦合分析 [J]. 扬州大学学报：自然科学版，2010（4）：61－64.

[154] 张树光，李志建，徐义洪，等. 裂隙岩体流－热耦合传热的三维数值模拟分析 [J]. 岩土力学，2011（8）：2507－2511.

[155] 张树光，徐义洪. 裂隙岩体流热耦合的三维有限元模型 [J]. 辽宁工程技术大学学报：自然科学版，2011（4）：505－507.

[156] 杨伟，张树光. 高温矿井综采工作区通风条件温度场的数值模拟 [J]. 煤田地质与勘探，2011（5）：55－58.

[157] Zhang Shuguang, Sun Shukui. Temperature field distribution of laneway in heat harmful mine [C]. Proceedings of XII international congress of international society for mine surveying, 2004.

[158] Zhang Shuguang, Ming Lu. Fluid-solid coupling numerical simulation of temperature field of roadway surrounding rock in water-bearing formation [C]. 2010 3rd IEEE International Conference on Computer Science and Information Technology（ICCSIT 2010），2010.

[159] Zhang Shuguang, Yu Yonggang. Thermal conductivity test and coupling simulation of heat-transfer in fracture rock [J]. Advanced Materials Research, 2012（382）：3－6.

[160] 张延军，于子望，黄炳. 岩土热导率测量和温度影响研究 [J]. 岩土工程学报，2009 (2)：213－217.

[161] 张有天. 岩石水利学与工程 [M]. 北京：中国水利水电出版社，2005.

[162] 张玉卓，张金才. 裂隙岩体渗流与应力耦合的试验研究 [J]. 岩土力学，1997，18 (4)：59－62.

[163] 章熙民，任泽霈. 传热学 [M]. 北京：中国建筑工业出版社，2003.

[164] 赵坚. 岩石裂隙中的水流－岩石热传导 [J]. 岩石力学与工程学报，1999，18 (2)：119－123.

[165] 赵仕广，郭启良，侯砚和. 小天都水电站气垫调压室洞壁围岩原地承载力的水力劈裂测试 [J]. 水力发电学报，2005，24 (1)：107－112.

[166] 赵阳升，胡耀青. 块裂介质岩体变形与气体渗流的耦合数学模型及其应用 [J]. 煤炭学报，2003，28 (1)：41－45.

[167] 赵阳升，万志军. 高温岩体地热开发导论 [M]. 北京：科学出版社，2004.

[168] 赵阳升，杨栋. 多孔介质多场耦合作用理论及其在资源与能源工程中的应用 [J]. 岩石力学与工程学报，2008，27 (7)：1321－1328.

[169] 赵阳升. 矿山岩石流体力学 [M]. 北京：煤炭工业出版社，1994.

[170] 赵镇南，王利. 固液两相流中微对流强化的机理分析与数值模拟 [J]. 工程热物理学报，2005，26 (4)：656－658.

[171] 周创兵，陈益峰，姜清辉，等. 复杂岩体多场广义耦合分析导论 [M]. 北京：中国水利水电出版社，2008.

[172] 周创兵，熊文林. 地应力对裂隙岩体渗透特性的影响 [J]. 地震学报，1997，19 (2)：154－163.

[173] 周德华，葛家理. 双重介质系统液固耦合模型及其应用 [J]. 石油实验地质，2006，28 (3)：292－295.

[174] 周宏伟，谢和平，左建平. 深部高地应力下岩石力学行为研究进展 [J]. 力学进展，2005，35 (1)．91－99.

[175] 周树民. 地源热泵岩土导热系数自助法统计分析 [D]. 武汉：武汉理工大学，2010.

[176] 周西华，王继仁，单亚飞，等. 掘进巷道风流温度分布规律的数值模拟 [J]. 中国安全科学学报，2002，12 (2)：19－24.

[177] 周西华，王继仁，卢国斌，等. 回采工作面温度场分布规律的数值模拟 [J]. 煤炭学报，2002，27 (1)：59－64.

[178] 周志芳，王锦国. 裂隙介质水动力学 [M]. 北京：中国水利水电出版社，2004.

[179] 朱孔盛. 深部开采热环境研究及其治理对策分析 [J]. 煤矿现代化，2006 (5)：84－85.

[180] 朱岳明，黄文雄. 碾压混凝土坝渗流场与应力场的非线性耦合作用研究 [J]. 红水河，1997 (3)：1－8.

[181] 邹华生，钟理，伍钦. 流体力学与传热 [M]. 广州：华南理工大学出版社，2004.